INHALTSVERZEICHNIS

INHALTSVERZEICHNIS

LAPPEN UND LÄPPCHEN DES GEHIRNS (SEITENANSICHT)

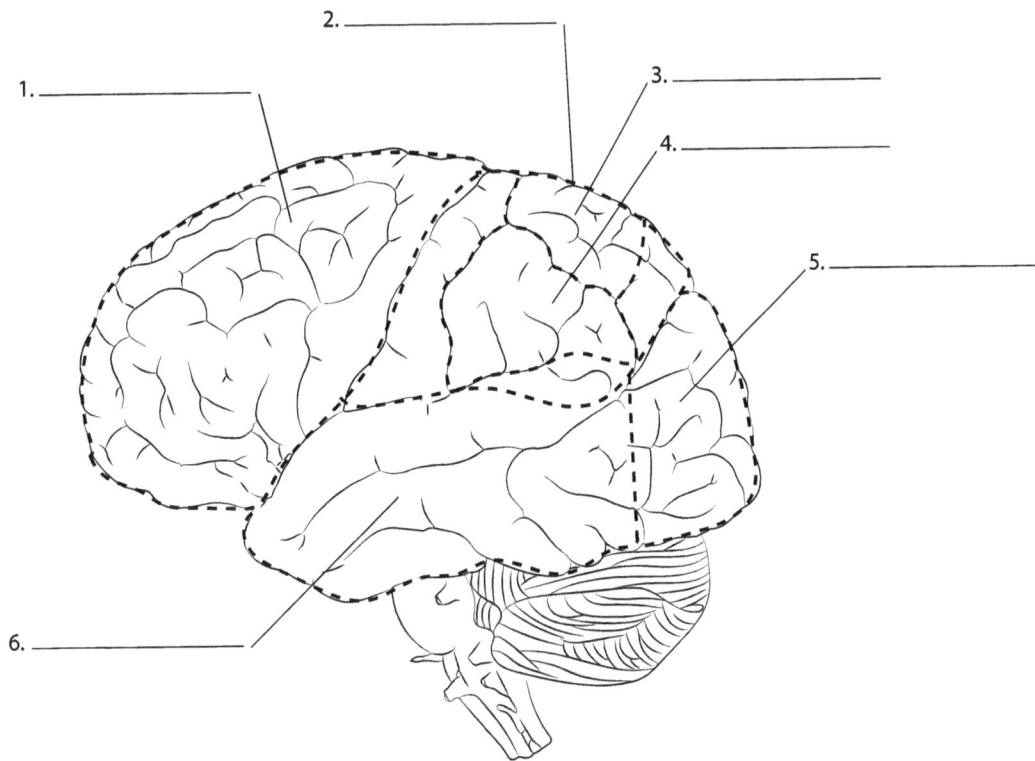

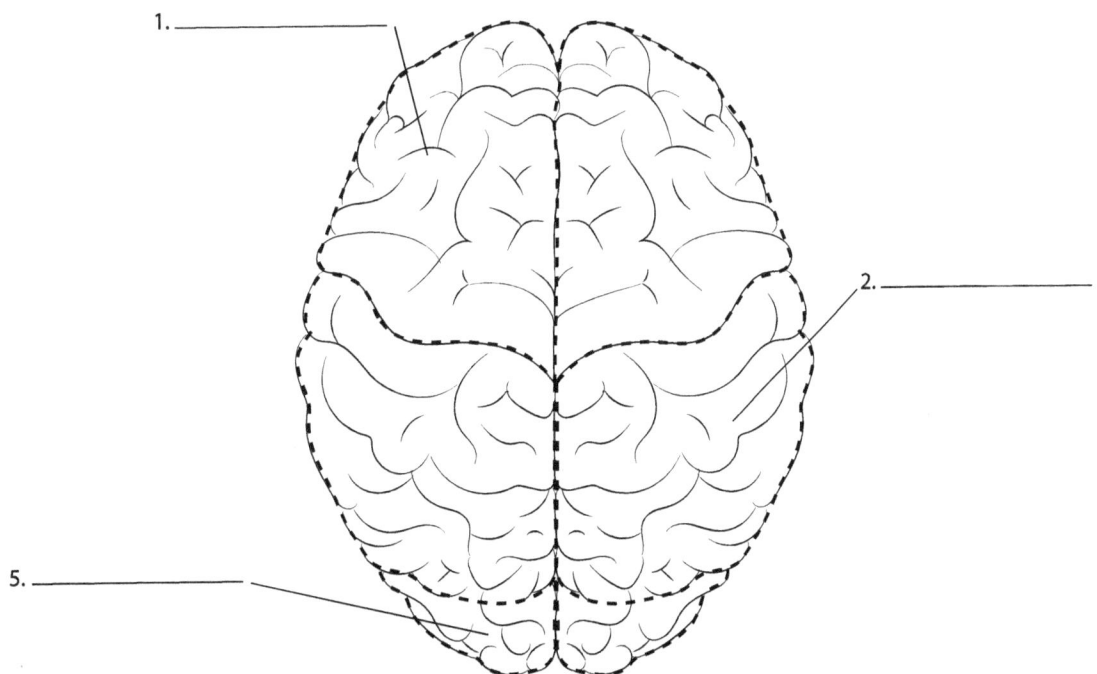

2. _____

1. _____

3. _____

4. _____

5. _____

6. _____

1. _____

2. _____

5. _____

LAPPEN UND LÄPPCHEN DES GEHIRNS (SEITENANSICHT)

1. Frontallappen
2. Parietallappen
3. Oberer Parietallappen
4. Unterer Scheitellappen
5. Occipital-Lappen
6. Temporallappen

GYRI UND SULCI DES MENSCHLICHEN GEHIRNS (SEITENANSICHT)

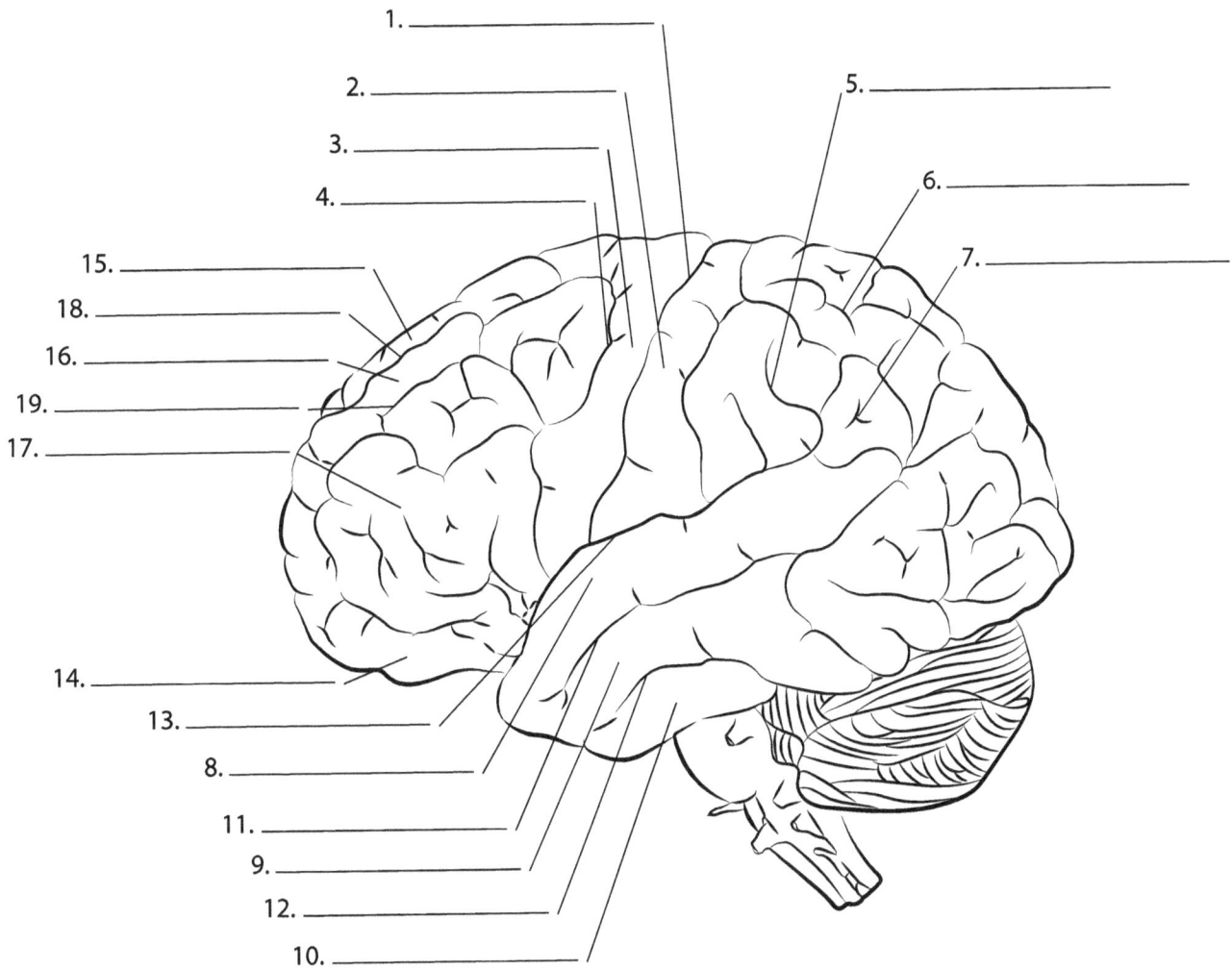

1. _____

2. _____

3. _____

4. _____

5. _____

6. _____

7. _____

15. _____

18. _____

16. _____

19. _____

17. _____

14. _____

13. _____

8. _____

11. _____

9. _____

12. _____

10. _____

GYRI UND SULCI DES MENSCHLICHEN GEHIRNS (SEITENANSICHT)

1. Mittelfurche (Rolando)
2. Postzentraler Gyrus
3. Präzentraler Gyrus
4. Präzentrale Rille
5. Der Gyrus supramarginalis
6. Intraparietaler Sulcus
7. Gyrus angularis
8. Oberer Gyrus temporalis
9. Mittlerer Gyrus temporalis
10. Unterer Gyrus temporalis
11. Oberer temporaler Sulcus
12. Mittlerer temporaler Sulcus
13. Seitenfurche (sylvisch)
14. Gyrus orbitalis
15. Oberer Frontal-Gyrus
16. Mittlerer Frontal-Gyrus
17. Unterer Frontal-Gyrus
18. Obere Frontalrinne
19. Untere Frontalrinne

UNTERSICHT DES MENSCHLICHEN GEHIRNS

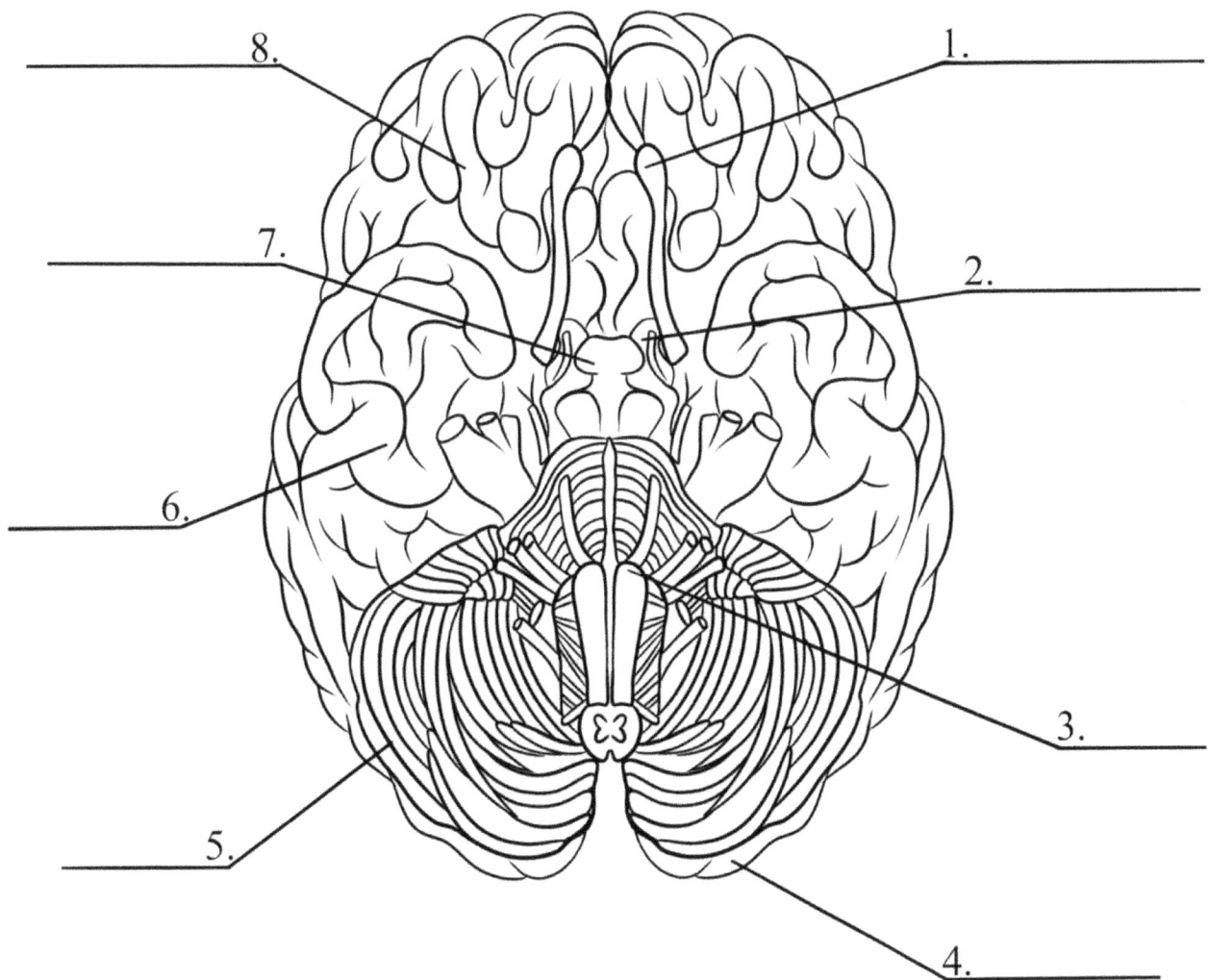

8.

1.

7.

2.

6.

3.

5.

4.

UNTERSICHT DES MENSCHLICHEN GEHIRNS

1. Riechkolben

2. Optisches Chiasma

3. Hirnstamm

4. Occipital-Lappen

5. Kleinhirn

6. Temporallappen

7. Infundibulum

8. Frontallappen

FUNKTIONSBEREICHE DES MENSCHLICHEN GEHIRNS (SEITENANSICHT)

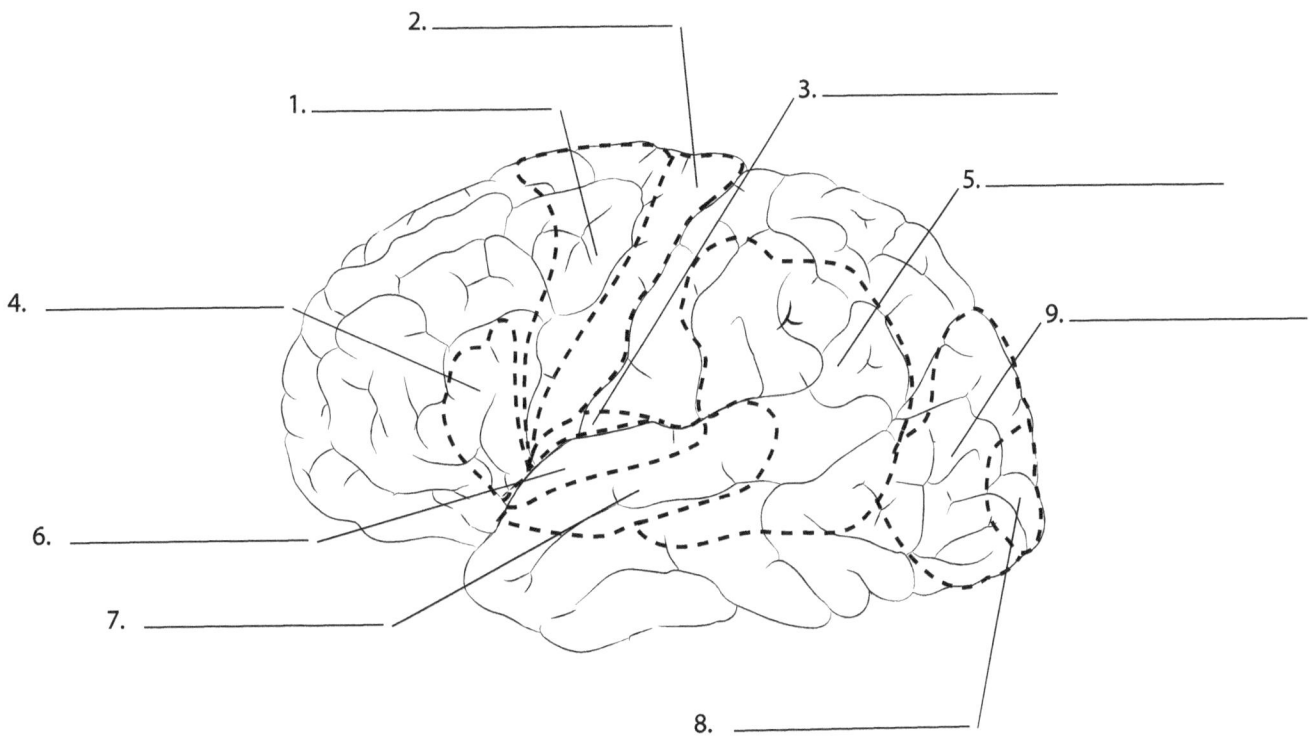

1. _____

2. _____

3. _____

4. _____

5. _____

6. _____

7. _____

8. _____

9. _____

FUNKTIONSBEREICHE DES MENSCHLICHEN GEHIRNS (SEITENANSICHT)

1. Primärmotorbereich
2. Primäre sensorische Zone
3. Sekundärer motorischer und sensorischer Bereich
4. Anteriores (motorisches) Sprachgebiet (Broca-Areal)
5. Posteriores (sensorisches) Sprachgebiet (Wernicke-Areal)
6. Primärer Hörbereich
7. Sekundärer Hörbereich
8. Primäre Sichtzone
9. Sekundärer Sichtbereich

SAGITTALSCHNITT DURCH DAS MENSCHLICHE GEHIRN

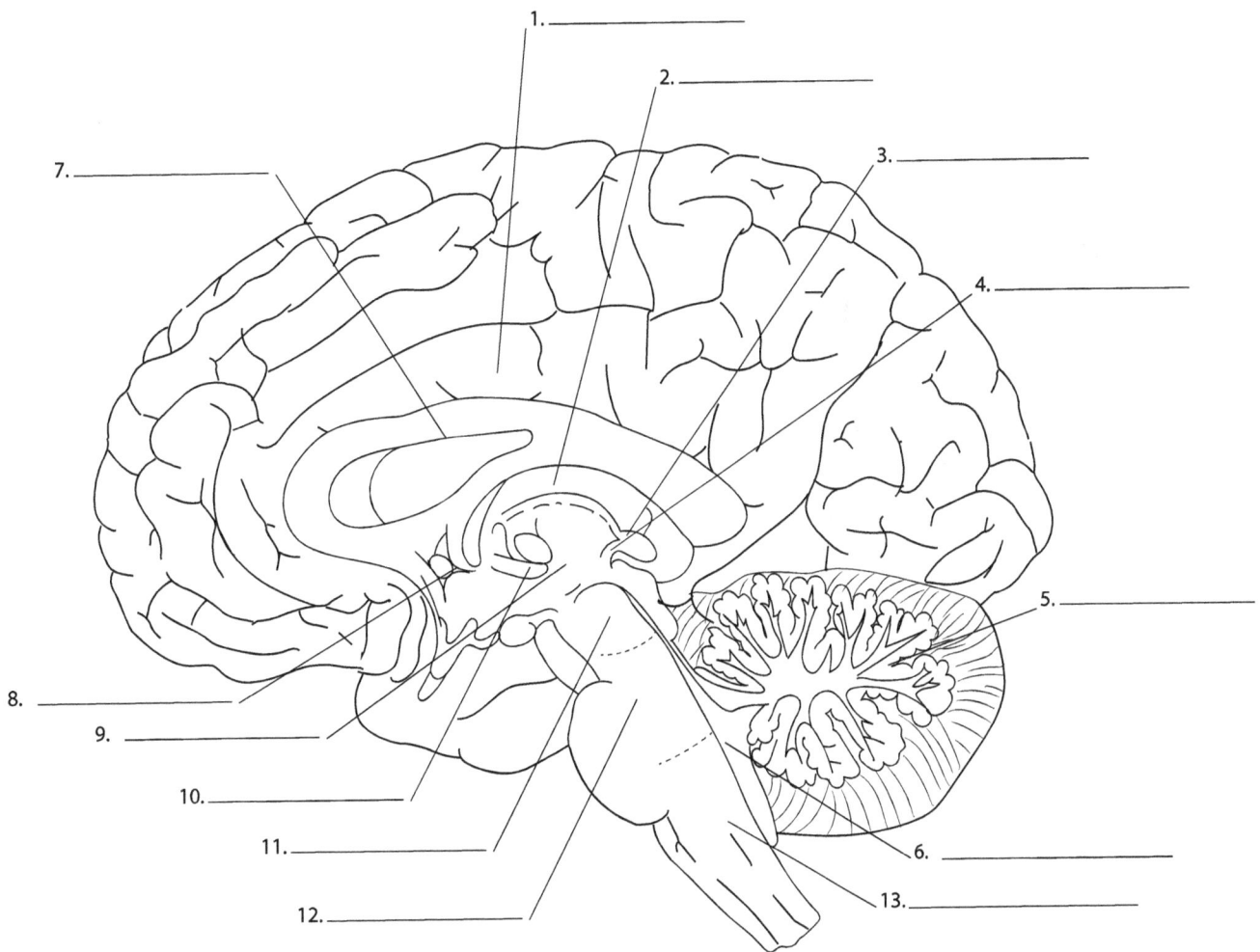

1. _____

2. _____

3. _____

4. _____

5. _____

6. _____

7. _____

8. _____

9. _____

10. _____

11. _____

12. _____

13. _____

SAGITTALSCHNITT DURCH DAS MENSCHLICHE GEHIRN

1. Gyrus Cingulum

2. Fornix

3. Zirbeldrüse

4. Hintere Kommissur

5. Cervelet

6. Vierter Ventrikel

7. Corpus callosum

8. Vorheriger Beauftragter

9. Diencephalon

10. Hypothalamusrinne

11. Mittelhirn

12. Pons

13. Das Rückenmark

KORONALSCHNITT EINES MENSCHLICHEN GEHIRNS

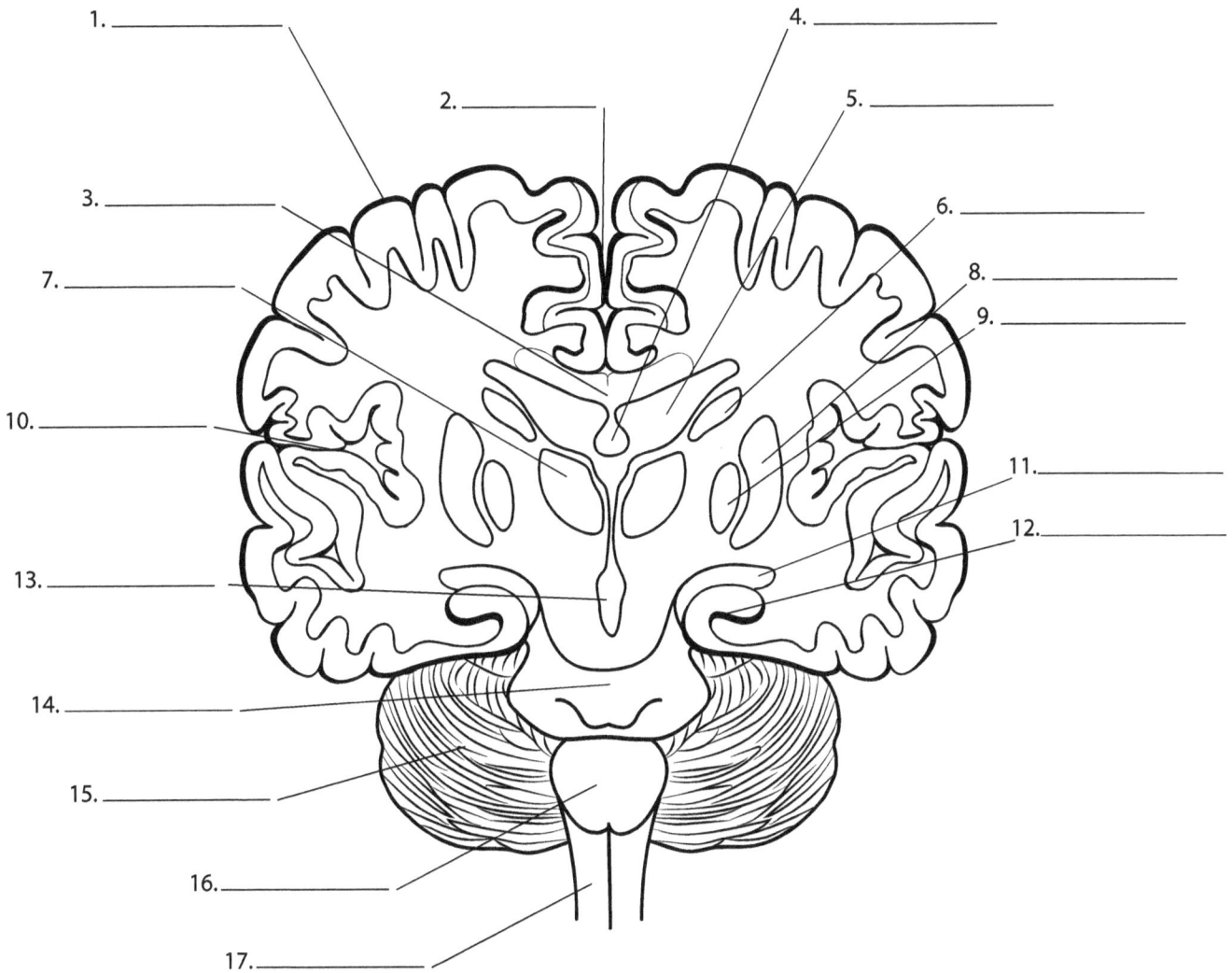

1. _____

2. _____

3. _____

4. _____

5. _____

6. _____

7. _____

8. _____

9. _____

10. _____

11. _____

12. _____

13. _____

14. _____

15. _____

16. _____

17. _____

KORONALSCHNITT EINES MENSCHLICHEN GEHIRNS

1. Großhirnrinde

2. Longitudinaler Riss

3. Corpus callosum

4. Fornix

5. Seitlicher Ventrikel

6. Nucleus Caudatus

7. Thalamus

8. Putamen

9. Globus pallidus

10. Seitliche Rille

11. Seepferdchen

12. Hippocampus Gyrus

13. Dritter Ventrikel

14. Pons

15. Cervelet

16. Das Rückenmark

17. Rückenmark

HIRNNERVEN

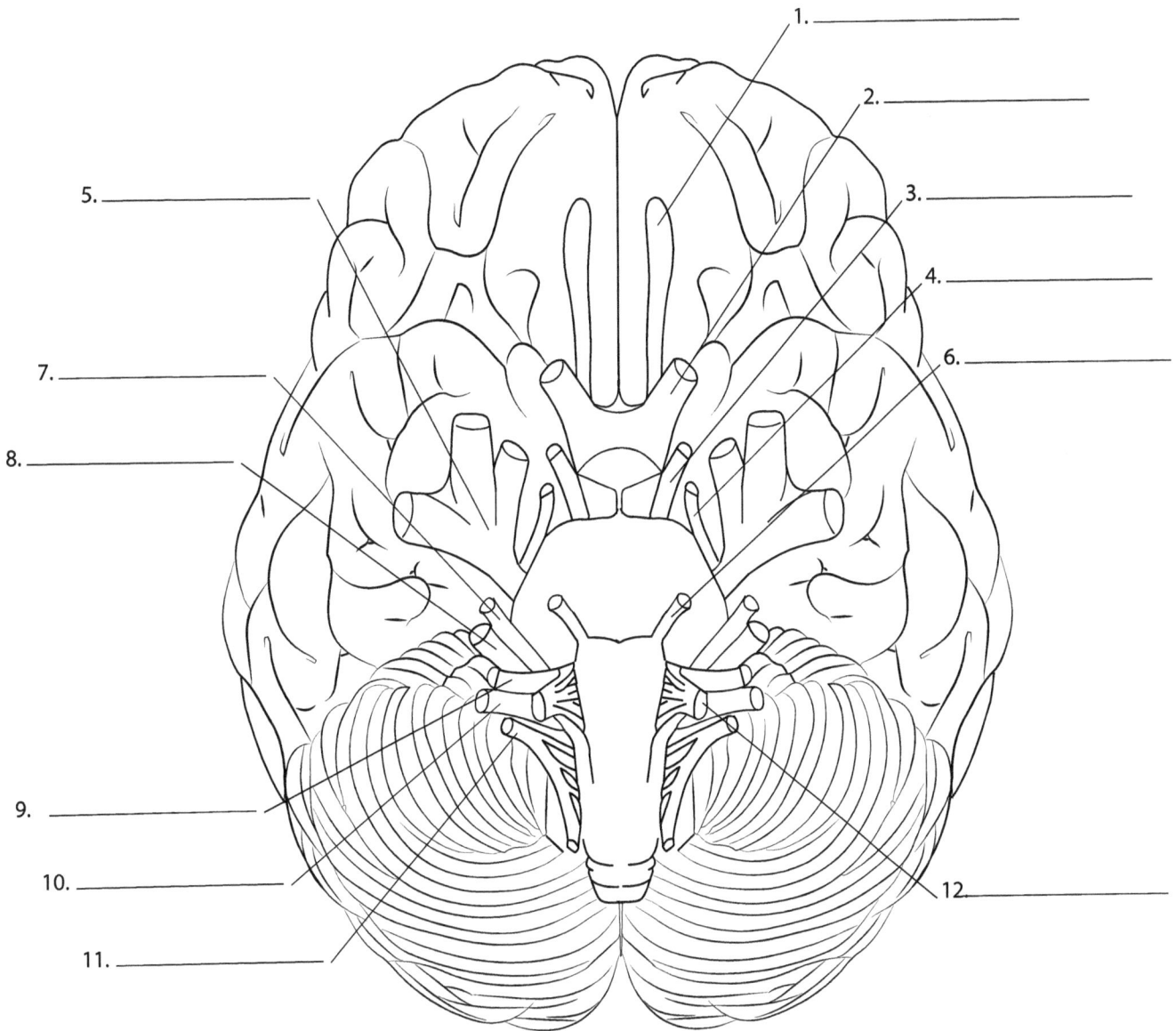

1. _____

2. _____

3. _____

4. _____

5. _____

6. _____

7. _____

8. _____

9. _____

10. _____

11. _____

12. _____

HIRNNERVEN

1. Geruchssinn
2. Optik
3. Okulomotorik
4. Trochlear
5. Trigeminus
6. Abduzens
7. Gesicht
8. Vestibulocochlear
9. Glossopharyngeal
10. Vagus
11. Zubehör
12. Hypoglossus

QUERSCHNITT DURCH DAS MESENCEPHALON

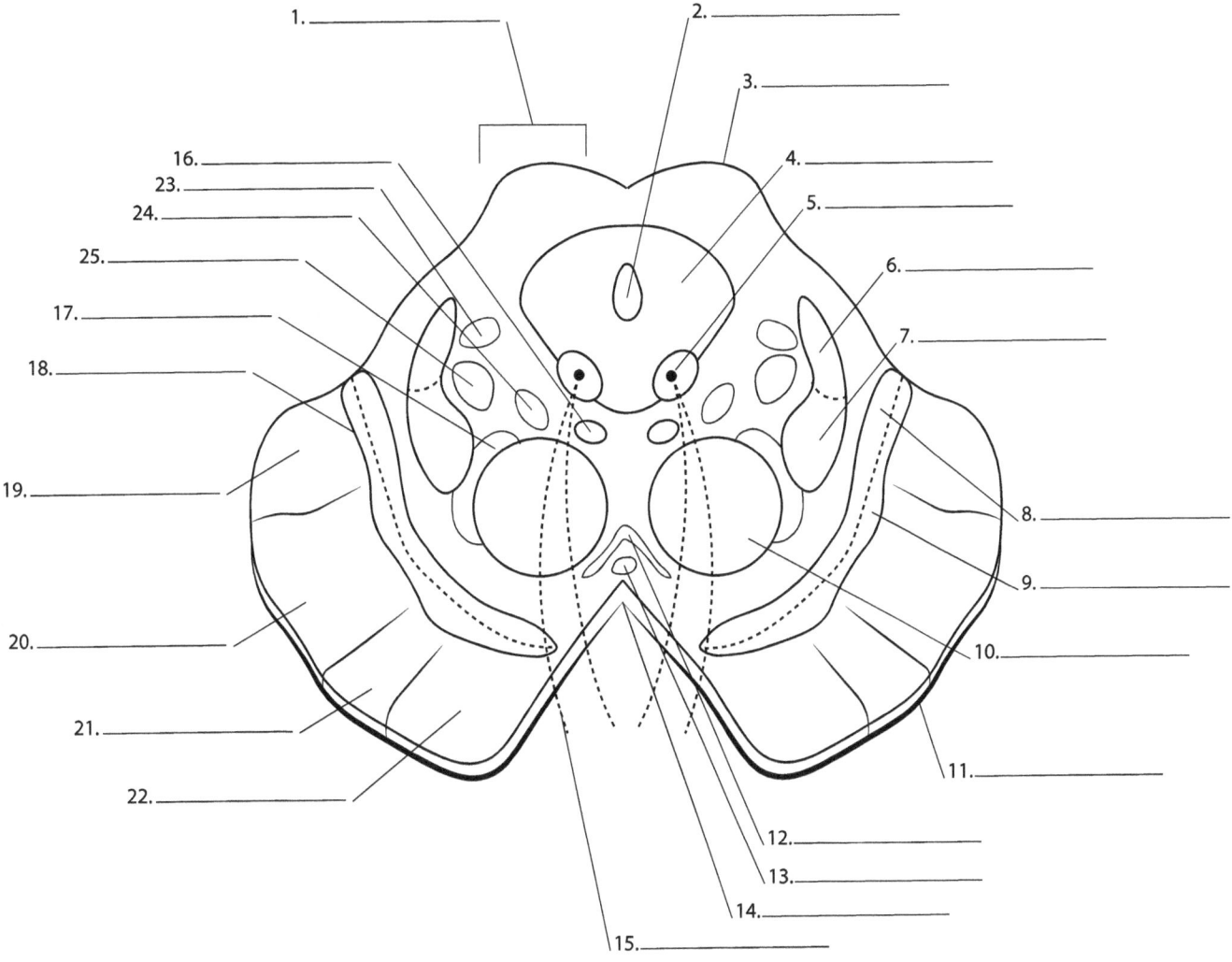

QUERSCHNITT DURCH DAS MESENCEPHALON

1. Tectum
2. Zerebrales Aquädukt
3. Oberer Kragen
4. Periaquäduktales Grau (PAG)
5. Okulomotorischer Kern
6. Spinothalamische und trigeminothalamische Bahnen
7. Medialer Lemniskus
8. Pars compacta
9. Pars reticulata
10. Roter Kern
11. Crus cerebri
12. Vorheriges tegmentales Urteil
13. Interpeduncularer Kern
14. Ventrale tegmentale Zone
15. Okulomotorische Nervenwurzelfasern
16. Longitudinale mediale Faszie
17. Kleinhirnige Fasern
18. Substantia nigra
19. Parieto-, occipito, temporopontine Fasern
20. Kortikospinale Fasern
21. Kortikokernige Fasern (kortikobulbär)
22. Frontopontine Fasern
23. Posteriore trigemino-thalamische Fasern
24. Zentraler tegmentaler Trakt
25. Anteriore trigemino-thalamische Fasern

QUERSCHNITT DURCH DIE PONS (OBERER UND UNTERER TEIL)

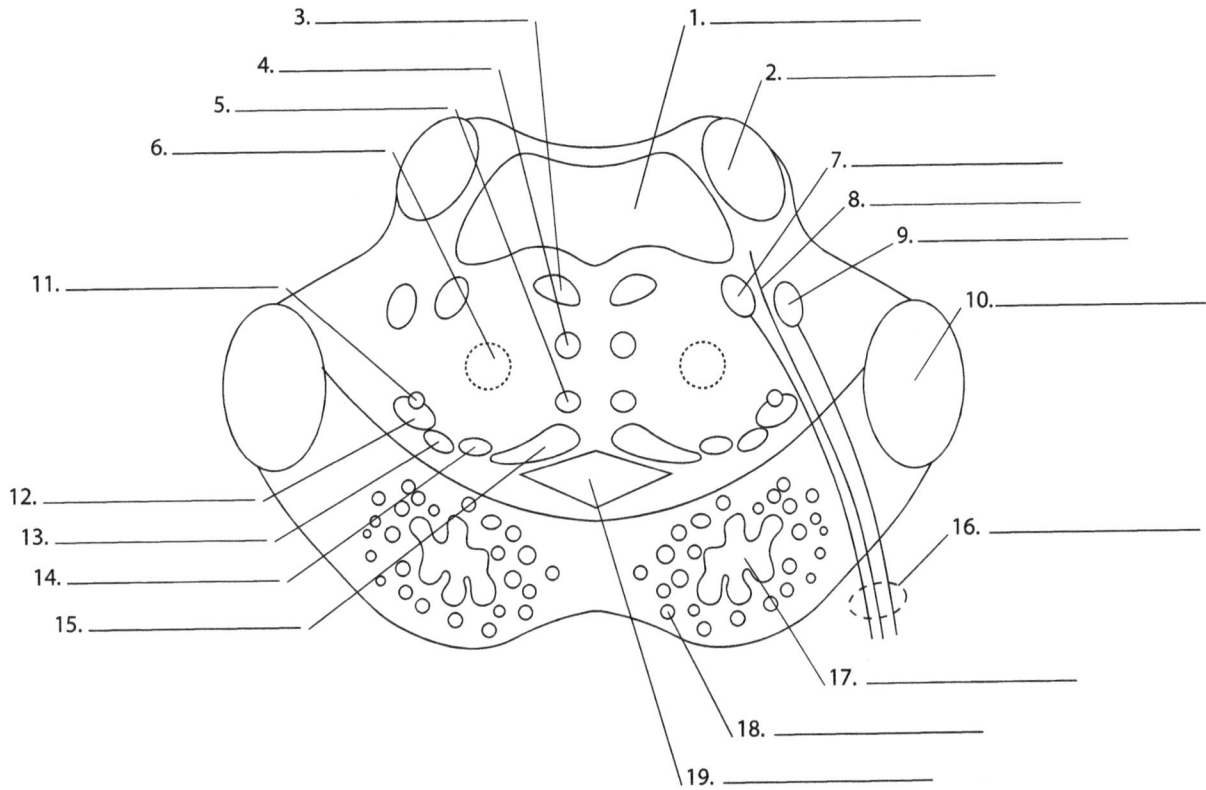

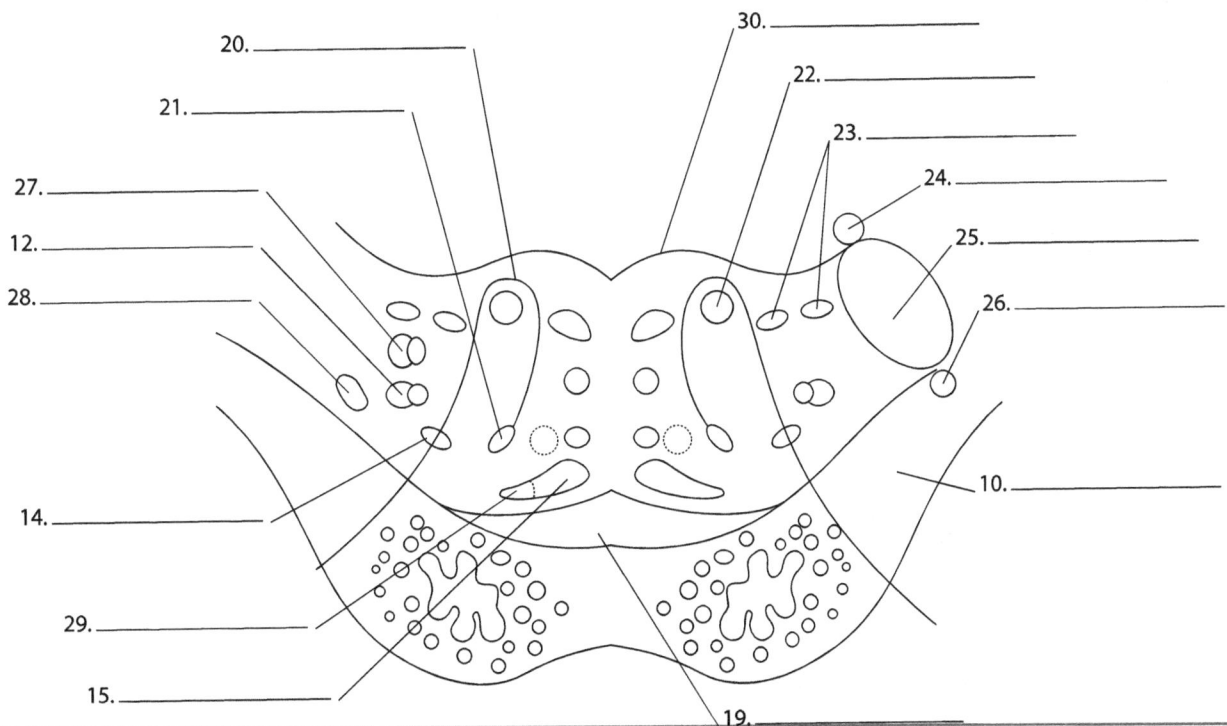

QUERSCHNITT DURCH DIE PONS (OBERER UND UNTERER TEIL)

1. Vierter Ventrikel
2. Oberer Kleinhirnstiel
3. Medianer Längsträger
4. Tektospinaler Trakt
5. Der Gastrospinaltrakt
6. Zentraler tegmentaler Trakt
7. Motorischer Kern des Trigeminusnervs
8. Mesencephale Wurzel des Nervus trigeminus
9. Hauptsensibler Nukleus des Nervus trigeminus
10. Mittlerer Kleinhirnstiel
11. Oberer Olivenkern
12. Seitlicher Lemniskus
13. Lemniskus Wirbelsäule
14. Trigeminus-Lemniskus
15. Medialer Lemniskus
16. Der Trigeminusnerv
17. Kortikospinale und kortikokernige Fasern
18. Brücken-Adern
19. Trapezförmiger Körper
20. Nervus facialis
21. Gesichtsnervenkern
22. Entnahmekern
23. Vestibuläre Kerne
24. Dorsaler Nucleus cochlearis
25. Unterer Kleinhirnstiel
26. Ventraler Nucleus cochlearis
27. Vertebralkern und Trakt des Nervus trigeminus
28. Ventraler spinocerebellärer Trakt
29. Anteriorer spinothalamischer Trakt
30. Gesichtskollikulus

QUERSCHNITT DURCH DAS RÜCKENMARK (AN DER OLIVE)

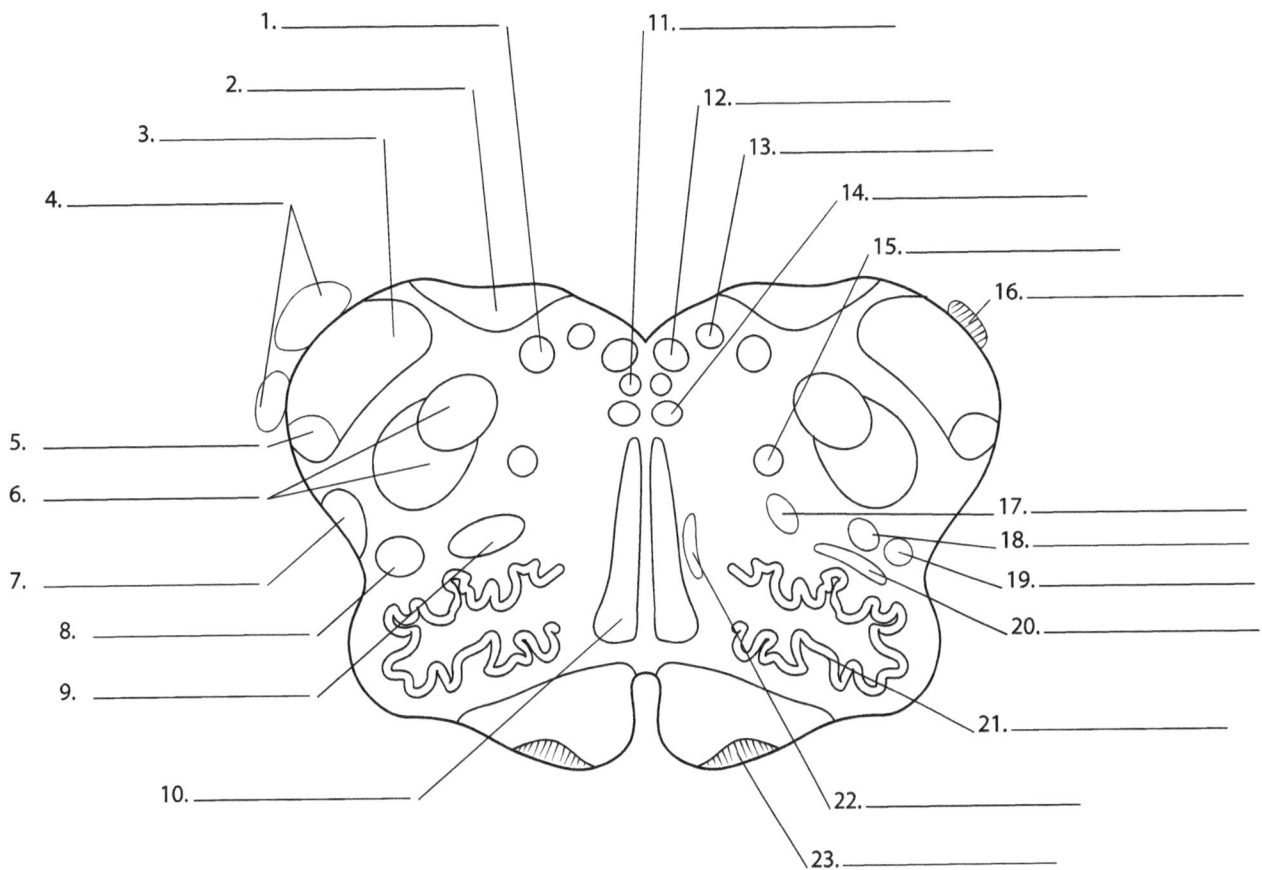

1. _____

2. _____

3. _____

4. _____

5. _____

6. _____

7. _____

8. _____

9. _____

10. _____

11. _____

12. _____

13. _____

14. _____

15. _____

16. _____

17. _____

18. _____

19. _____

20. _____

21. _____

22. _____

23. _____

QUERSCHNITT DURCH DAS RÜCKENMARK (AN DER OLIVE)

1. Kern des Solitärtraktes

2. Vestibuläre Kerne

3. Unterer zerebraler Peduncle

4. Cochlea-Kerne

5. Dorsaler spinozerebellärer Trakt

6. Vertebralkern und Trakt des Nervus trigeminus

7. Ventraler spinocerebellärer Trakt

8. Spinothalamische und laterale spinotektale Bahnen

9. Anteriorer spinothalamischer Trakt

10. Medialer Lemniskus

11. Mediales Längsfaszikel

12. Hypoglossaler Kern

13. Vagaler dorsaler Kern

14. Tektospinaler Trakt

15. Zweideutiger Kern

16. Pontobulbar Körper

17. Vestibulospinaler Trakt

18. Lateraler retikulärer Kern

19. Der Gastrospinaltrakt

20. Olivkern dorsales Zubehör

21. Unterer Olivenkern

22. Medialer akzessorischer Olivennukleus

23. Gewölbter Kern

DER KREIS VON WILLIS

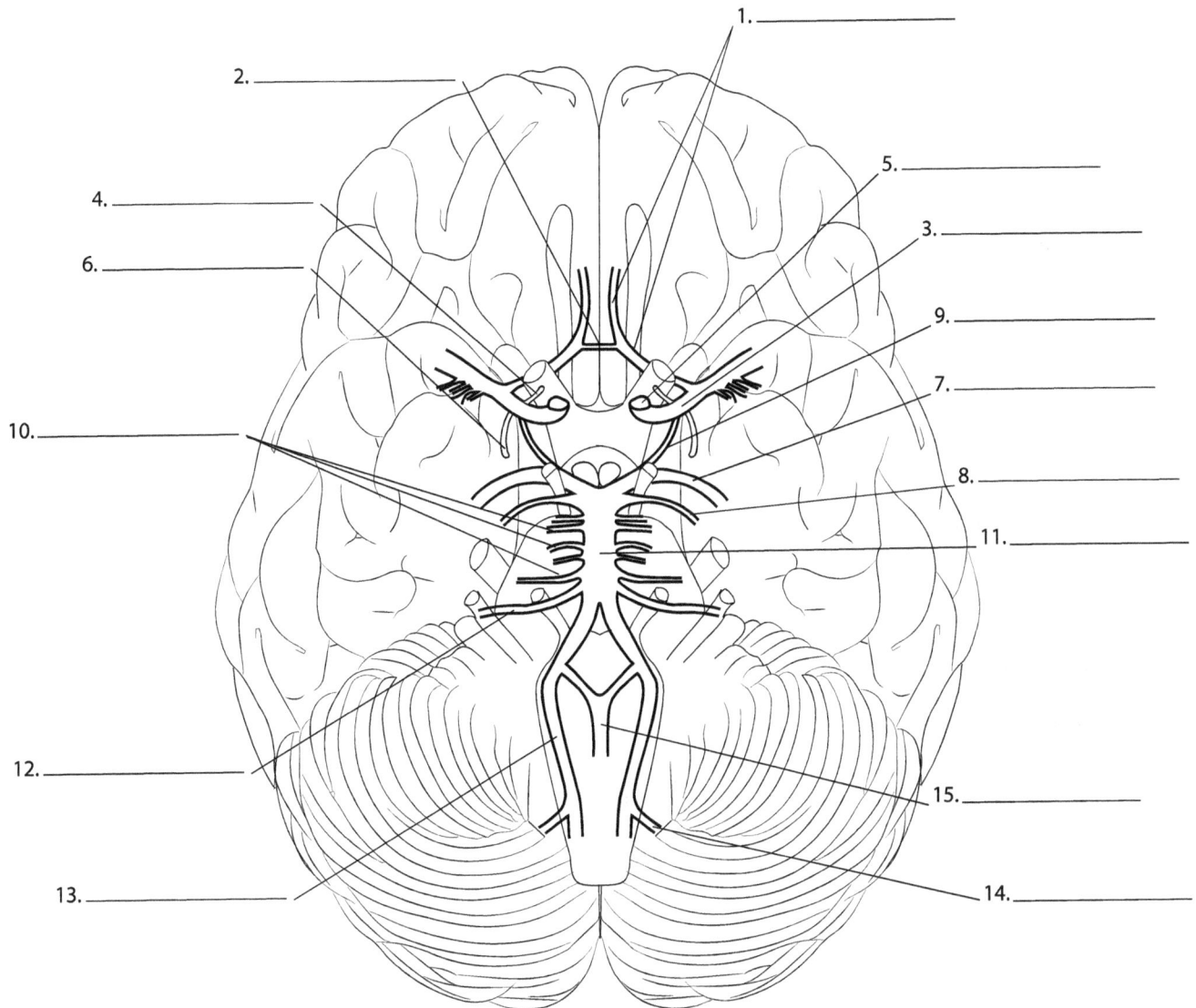

1. _____

2. _____

4. _____

5. _____

6. _____

3. _____

9. _____

7. _____

10. _____

8. _____

11. _____

12. _____

15. _____

13. _____

14. _____

DER KREIS VON WILLIS

1. Vordere Zerebralarterie
2. Vordere kommunizierende Arterie
3. Mittlere Zerebralarterie
4. Ophthalmische Arterie
5. Arteria carotis interna
6. Arteria chorioidea anterior
7. Arteria cerebri posterior
8. Obere Kleinhirnarterie
9. Hintere kommunizierende Arterie
10. Die pontinen Arterien
11. Arteria Basilaris
12. Anteriore inferiore Kleinhirnarterie
13. Vertebralarterie
14. Posteriore inferiore Kleinhirnarterie
15. Anteriore Vertebralarterie

LIMBISCHES SYSTEM
(BASALGANGLIEN ENTFERNT)

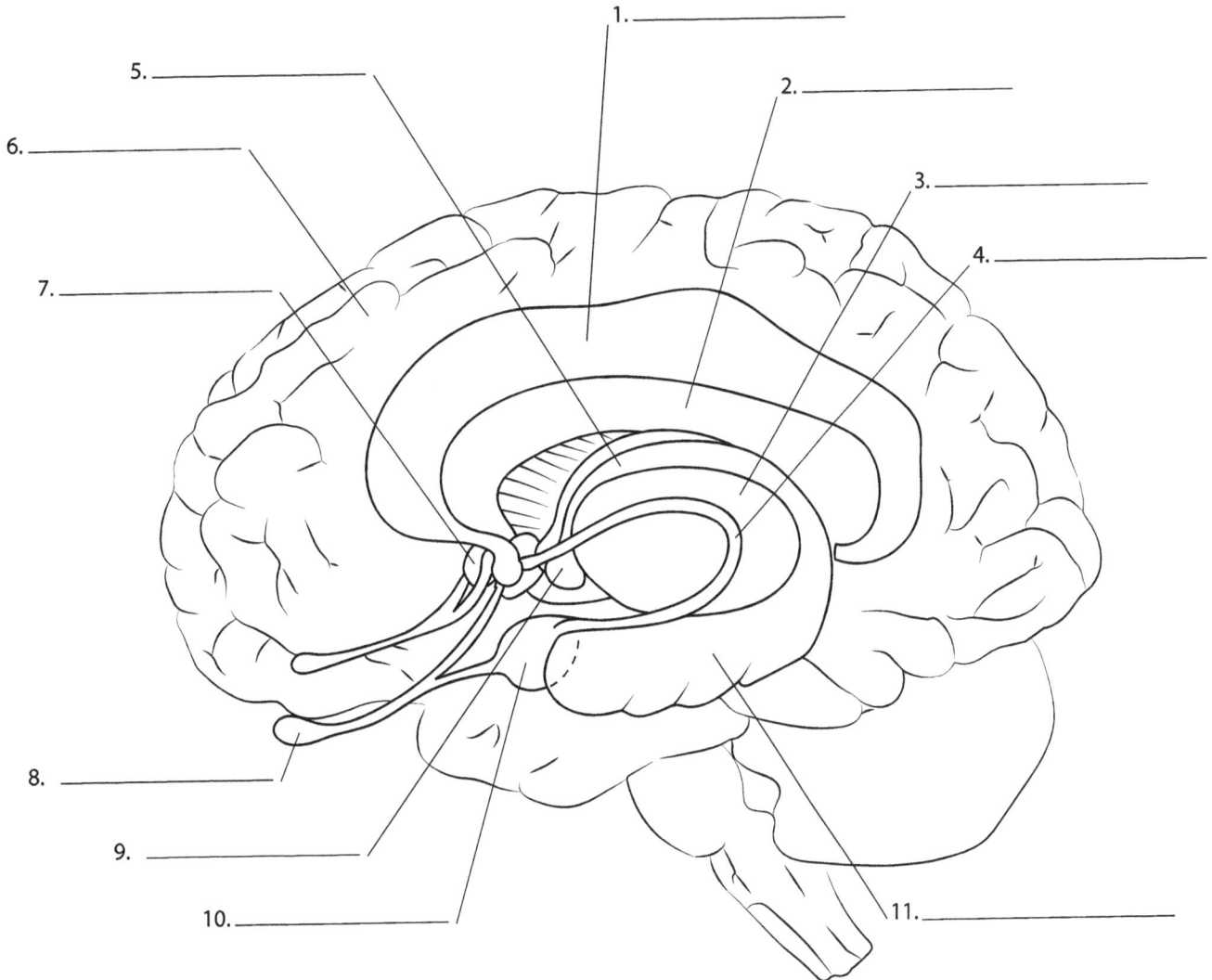

1. _____

2. _____

3. _____

4. _____

5. _____

6. _____

7. _____

8. _____

9. _____

10. _____

11. _____

LIMBISCHES SYSTEM (BASALGANGLIEN ENTFERNT)

1. Zingulärer Kortex
2. Corpus callosum
3. Thalamus
4. Stria terminalis
5. Fornix
6. Frontaler Kortex
7. Septum
8. Riechkolben
9. Mammillarkörper
10. Amygdala
11. Seepferdchen

KORONALE ANSICHT (1)

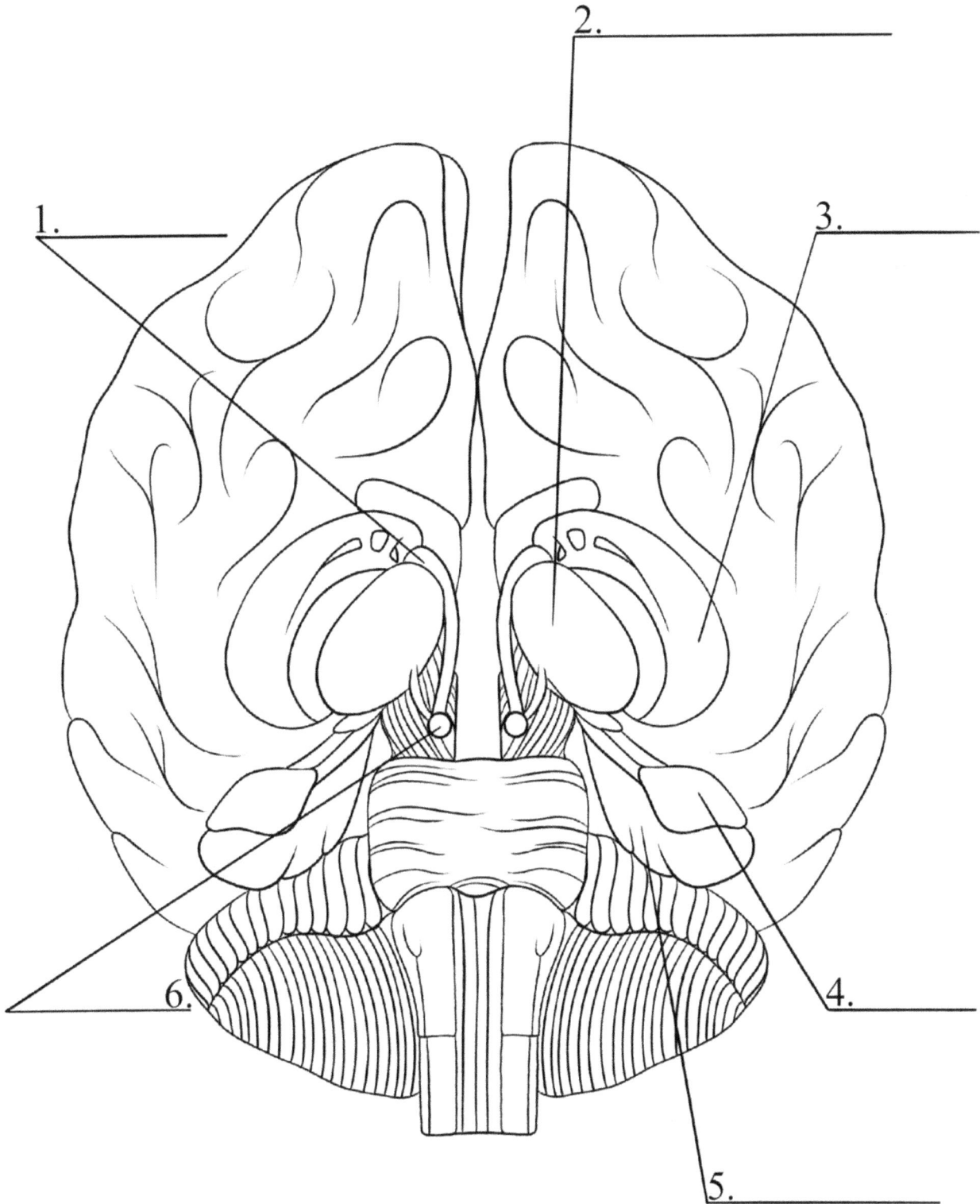

1.

2.

3.

4.

5.

6.

KORONALE ANSICHT (1)

1. Fornix
2. Thalamus
3. Putamen
4. Amygdala
5. Seepferdchen
6. Mammillarkörper

KORONALE ANSICHT (2)

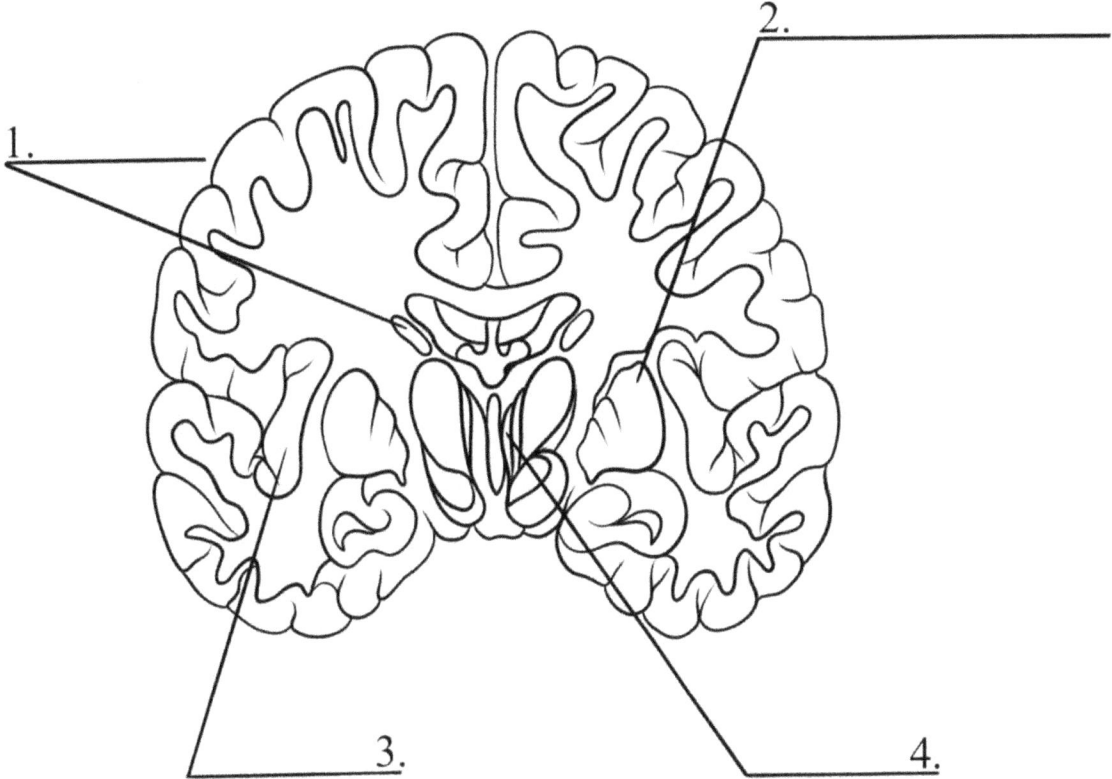

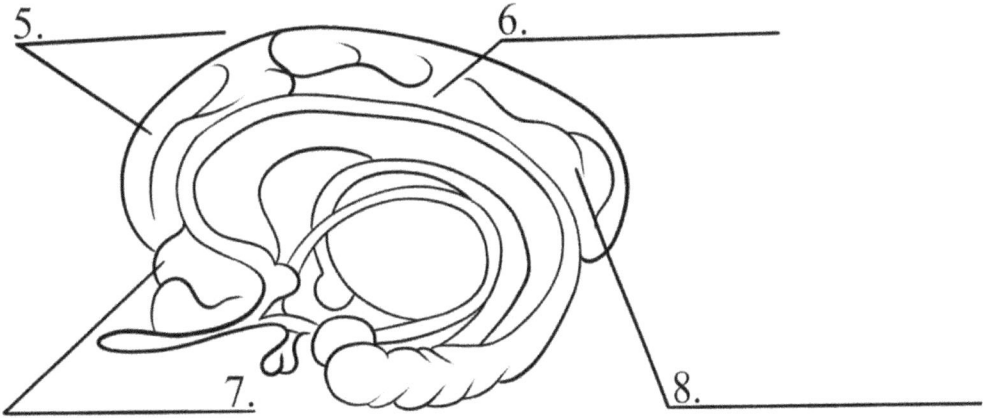

1.
2.
3.
4.
5.
6.
7.
8.

KORONALE ANSICHT (2)

1. Nucleus Caudatus

2. Putamen

3. Insula

4. Nucleus accumbens

5. Anteriorer cingulärer Kortex

6. Mittlerer zingulärer Kortex

7. Anterior subgenital

8. Posteriorer cingulärer Kortex

DIE STRUKTUREN ZUM SCHUTZ DES GEISTERS

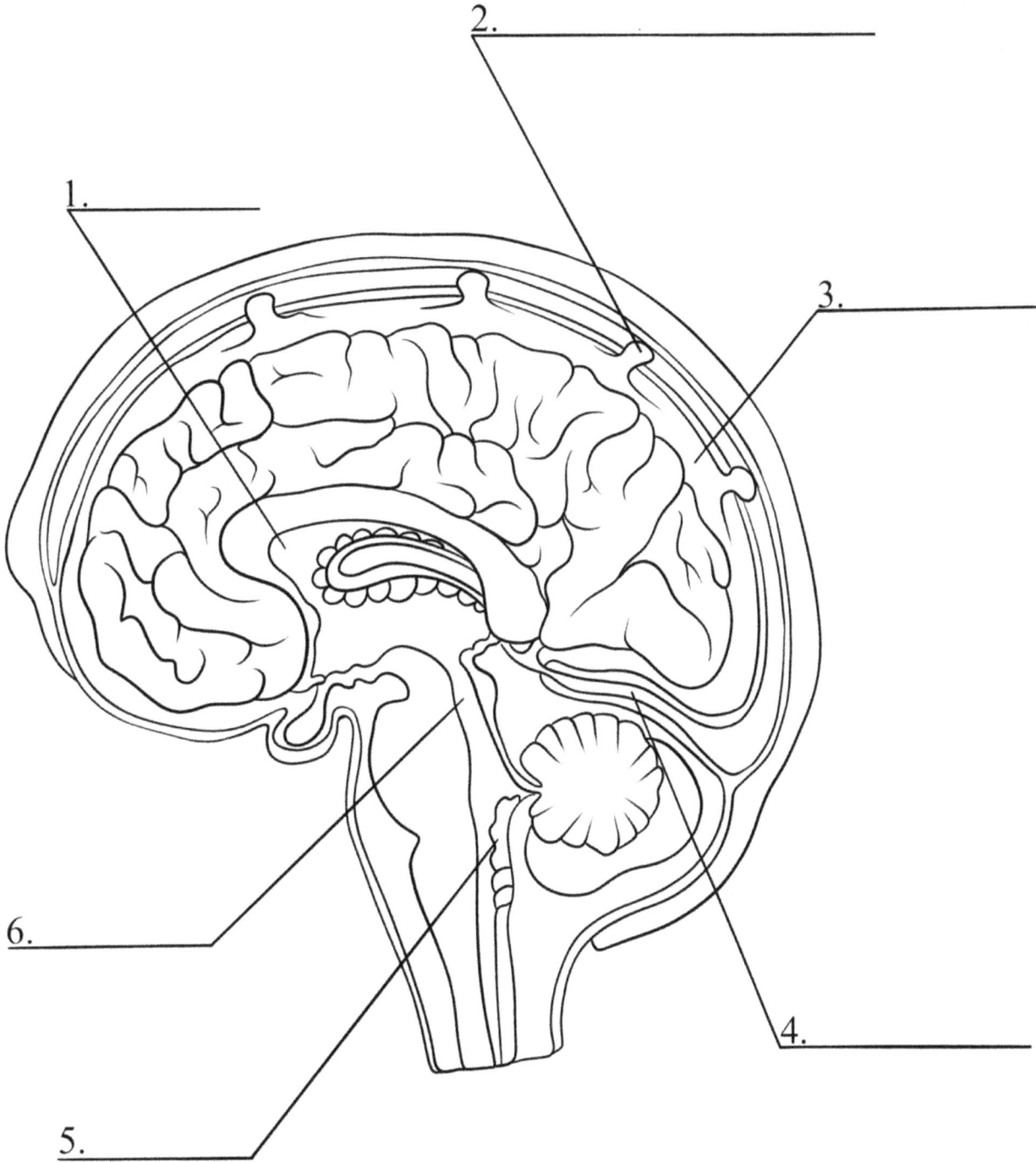

1.

2.

3.

4.

5.

6.

DIE STRUKTUREN ZUM SCHUTZ DES GEISTERS

1. dritter Ventrikel

2. Arachnoidea Villus

3. Der Subarachnoidalraum

4. Rechter Sinus

5. Plexus choroideus

6. Zerebrales Aquädukt

MIDSAGITTALE ANSICHT

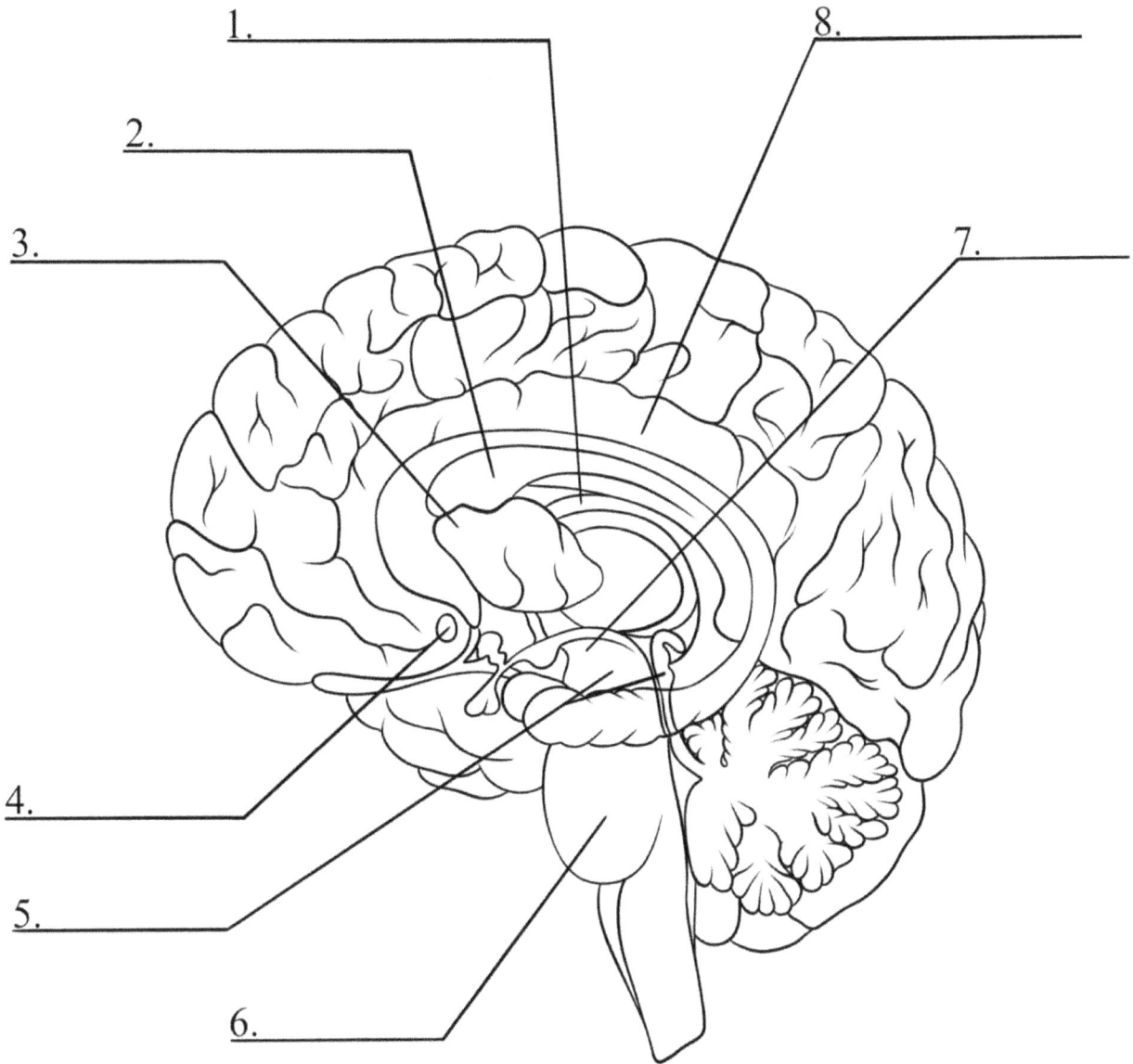

1.

2.

3.

4.

5.

6.

7.

8.

MIDSAGITTALE ANSICHT

1. Fornix

2. Caudate

3. Putamen

4. Nucleus accumbens

5. Medium Gehirn

6. Pons

7. Ventra tegmentum

8. Zingulärer Kortex

HIRNNERVEN VON UNTEN GESEHEN

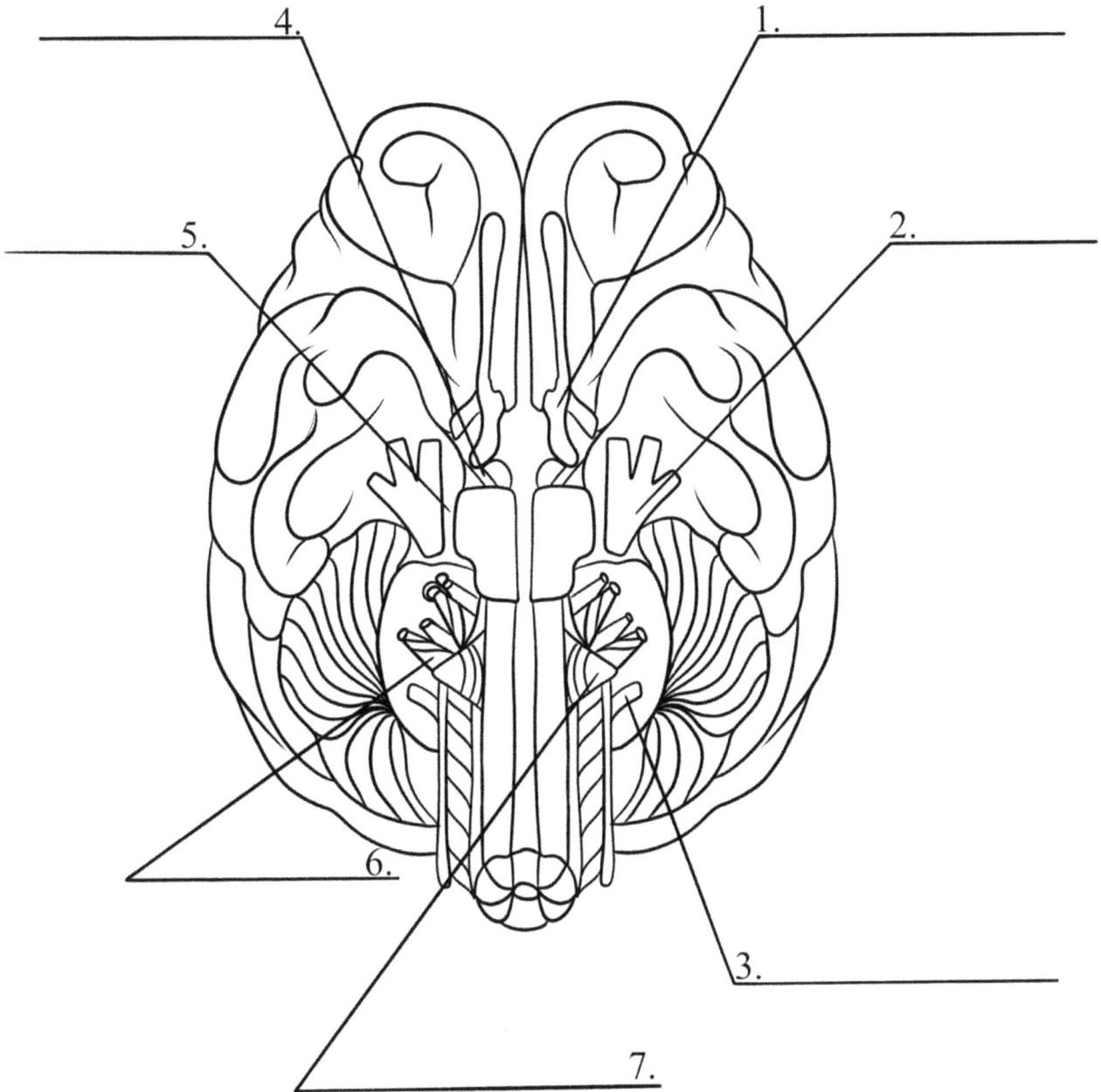

4. _____

1. _____

5. _____

2. _____

6. _____

3. _____

7. _____

HIRNNERVEN VON UNTEN GESEHEN

1. Optischer Nerv

2. Der Trigeminusnerv

3. Hilfsnerv

4. Der Nervus oculomotorius

5. Der Nervus trochlearis

6. Der Vagusnerv

7. Nervus hypoglossus

THALAMUS

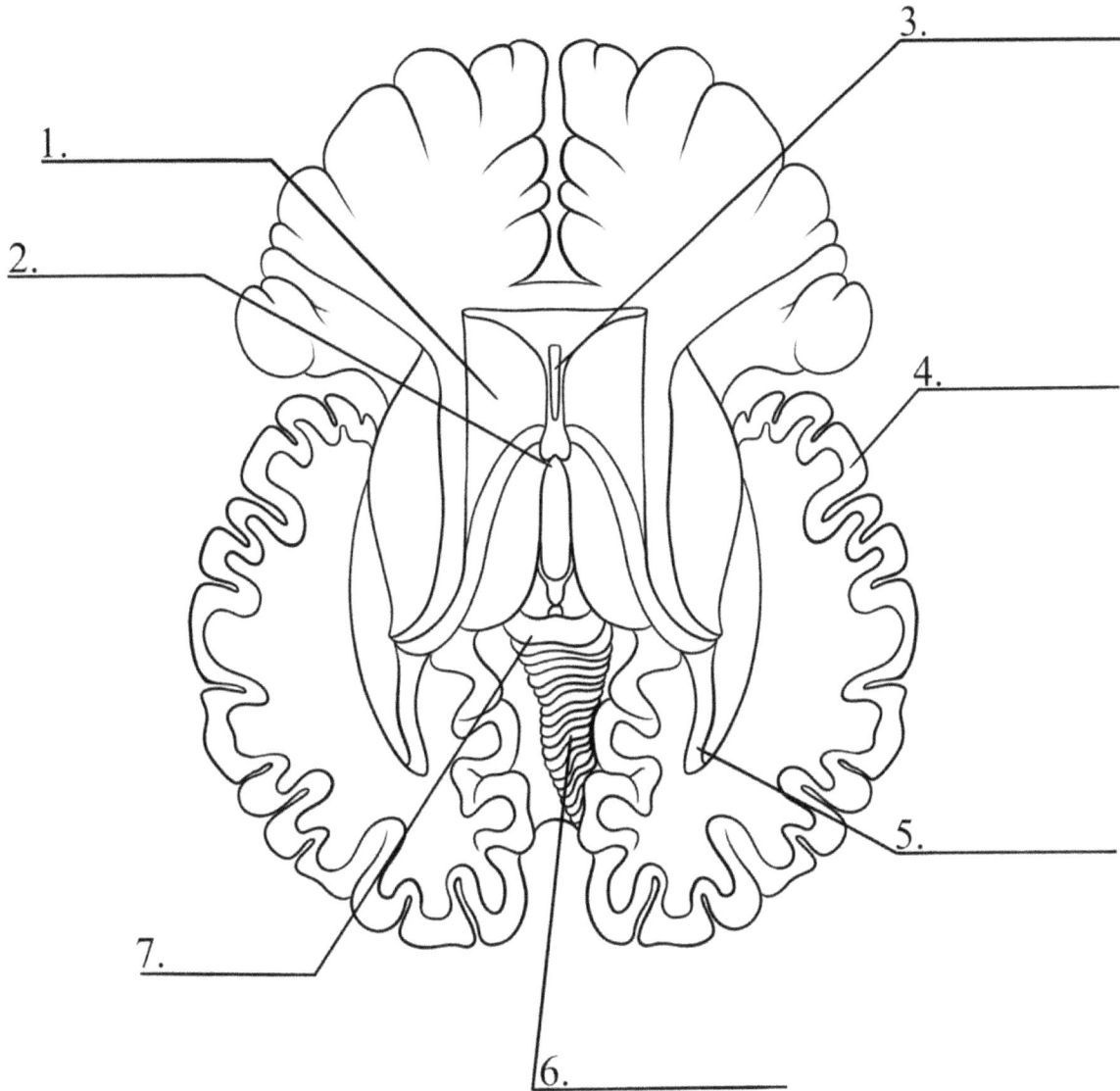

1.

2.

3.

4.

5.

6.

7.

THALAMUS

1. Leiter der kaudeanischen Kerngruppe
2. Vorheriger Beauftragter
3. Hohlraum des Septum pellucidum
4. Temporallappen-Kortex
5. Hinterhorn des Seitenventrikels
6. Kleinhirn Wurm
7. Unterschale

BLUTVERSORGUNG DES ZENTRALNERVENSYSTEM

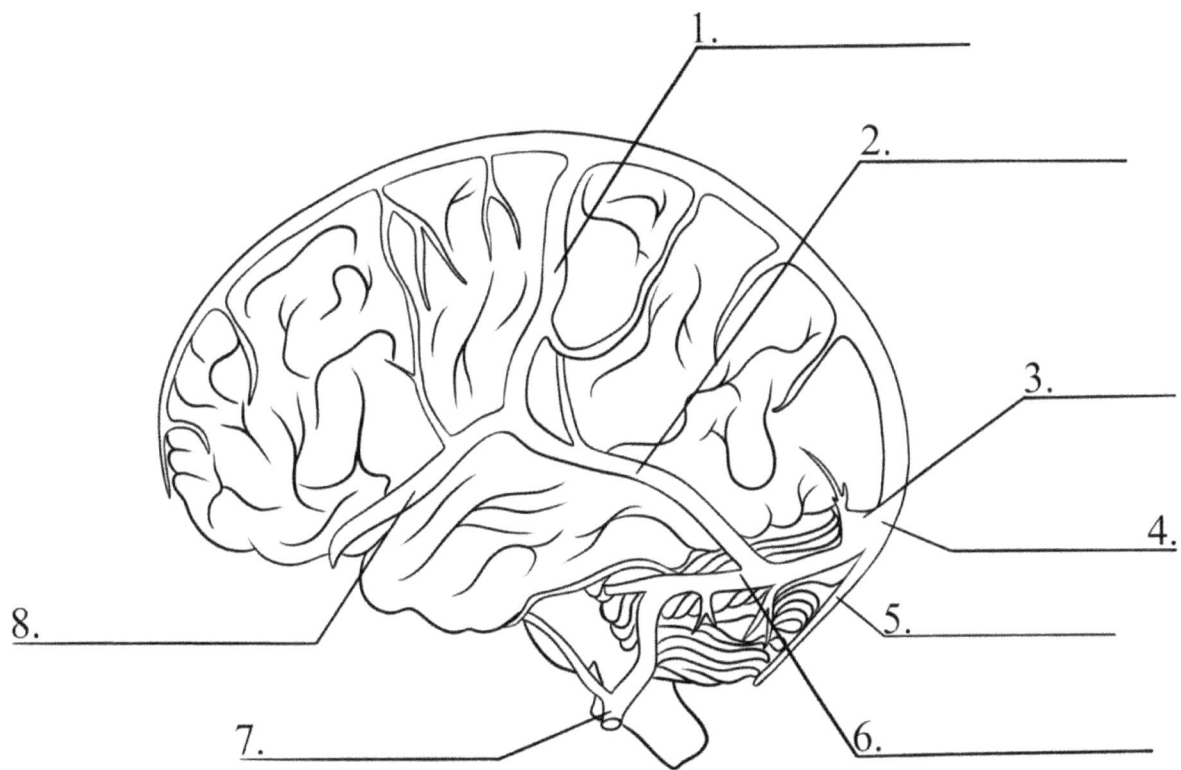

1. _____

2. _____

3. _____

4. _____

5. _____

6. _____

7. _____

8. _____

BLUTVERSORGUNG DES ZENTRALNERVENSYSTEM

1.obere anastomotische Troland-Vene

2. Untere Labbe'sche Anastomosenvene

3. Rechter Sinus

4. Einmündung der Nebenhöhlen

5. Sinus Occipitalis

6. Sinus transversus

7. Innere Jugularvene

8. Oberflächliche mittlere Hirnvene

BLUTVERSORGUNG DES ZENTRALNERVENSYSTEM

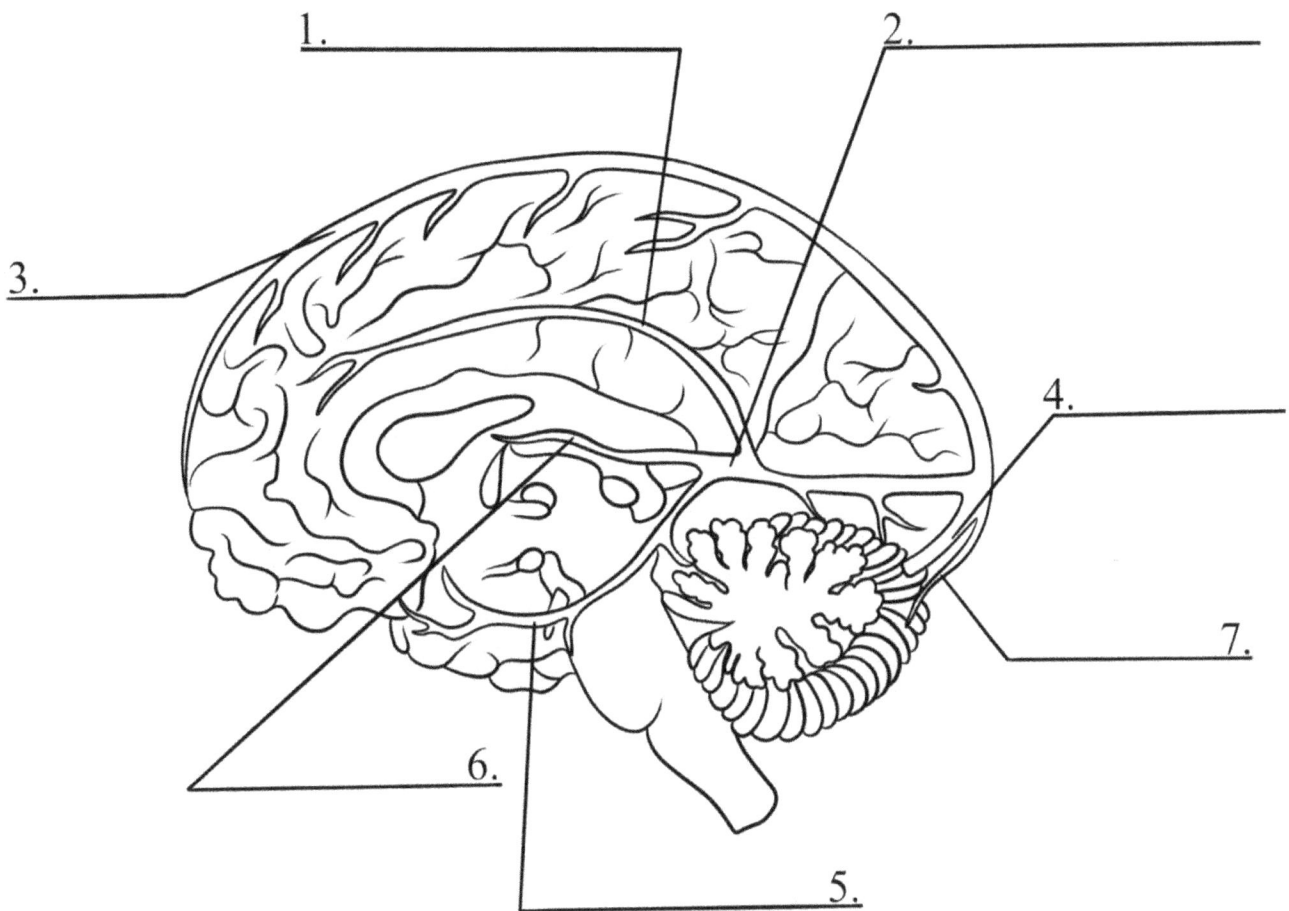

1.

2.

3.

4.

5.

6.

7.

BLUTVERSORGUNG DES ZENTRALNERVENSYSTEM

1.untere Anastomose

2. die große Ader des Galen

3.der Sinus sagittalis superior

4. Sinus transversus

5.basale Rosenthal-Ader

6. innere Hirnvene

7. der Sinus occipitalis

BLUTGEFÄSSVERTEILUNG

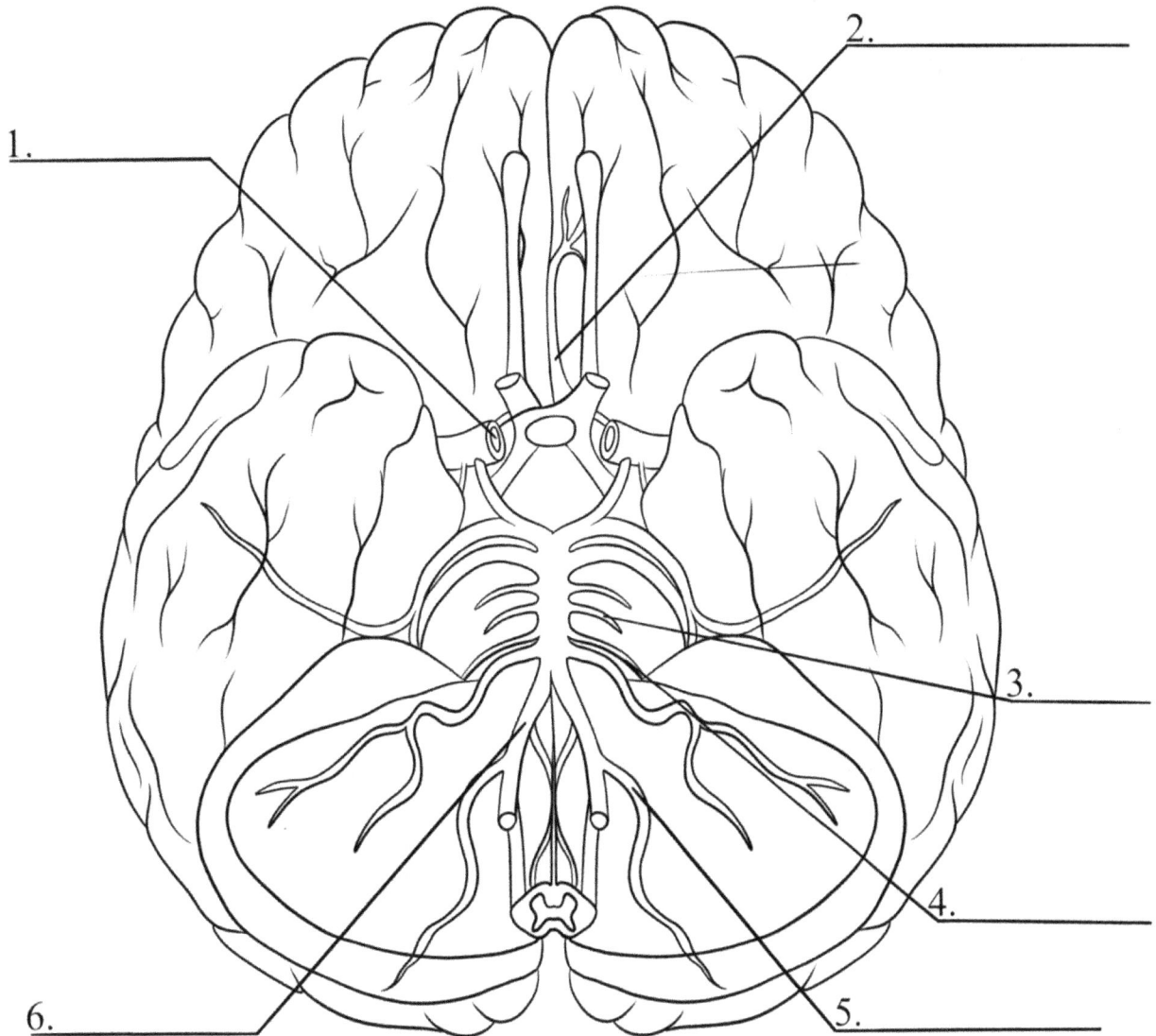

1.

2.

3.

4.

5.

6.

BLUTGEFÄSSVERTEILUNG

1. Innere Halsschlagader

2. Vorderes Gehirn

3. pontin

4. Labyrinthisch

5. Unteres Hinterhirn

6. Wirbel

GROSSHIRNHEMISPHÄREN

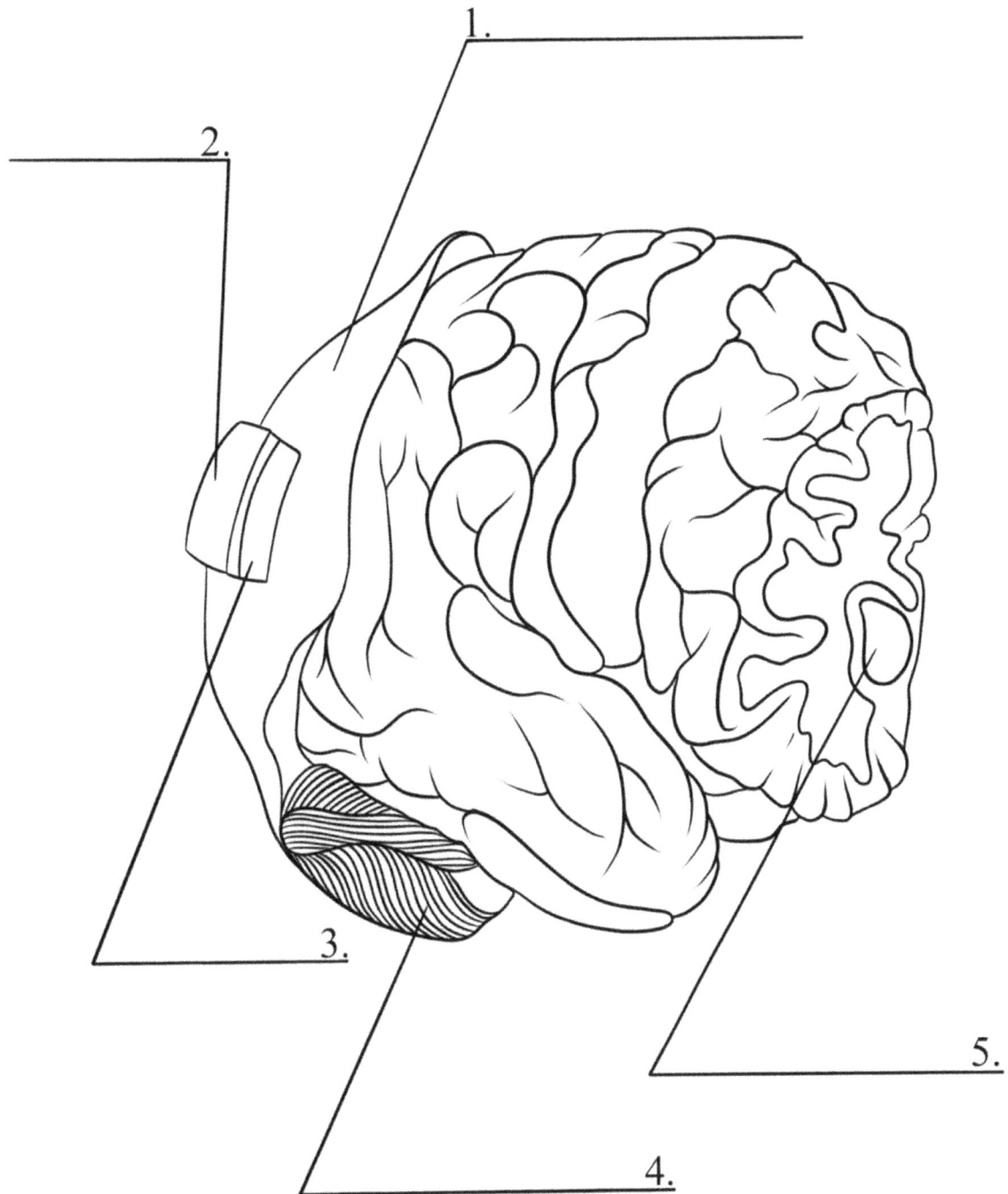

1.

2.

3.

4.

5.

GROSSHIRNHEMISPHÄREN

1. Dura mater

2. Kopfhaut

3. Schädel

4. Kleinhirn

5. Liquor zirkuliert durch die Ventrikel und das Gehirn.

ZEREBROSPINALER LIQUOR-KREISLAUF

1. _____
2. _____
3. _____
4. _____
5. _____
6. _____
7. _____
8. _____
9. _____
10. _____
11. _____
12. _____
13. _____
14. _____
15. _____
16. _____

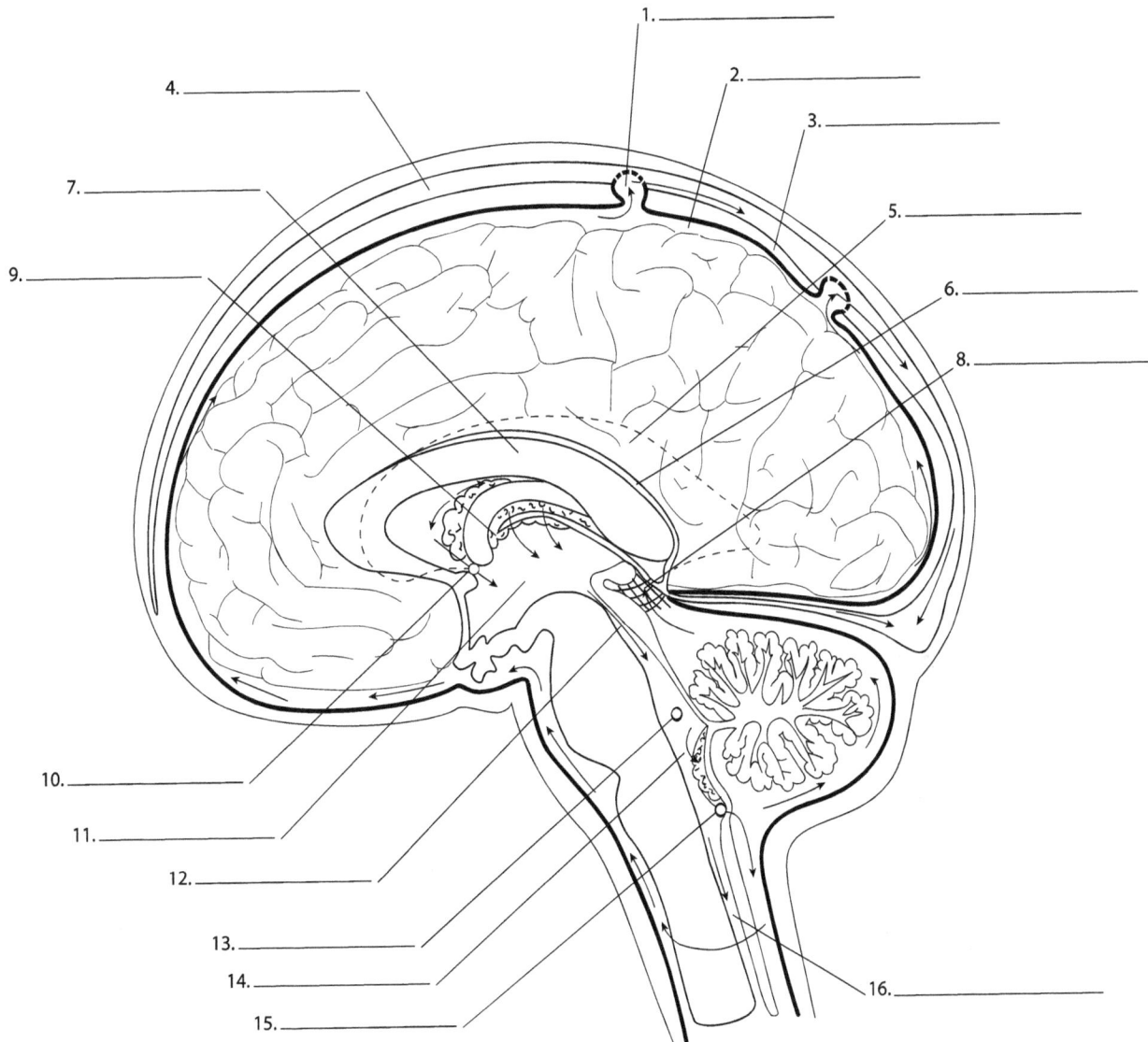

ZEREBROSPINALER LIQUOR-KREISLAUF

1. Arachnoide Granulationen
2. Der Subarachnoidalraum
3. Tough Mutter-Meningitis
4. Sinus Sagittalis Superior
5. Seitlicher Ventrikel
6. Unterer Sinus sagittalis
7. Corpus callosum
8. Sinus cavernosus
9. Plexus choroideus
10. Monro Interventrikuläres Foramen
11. Dritter Ventrikel
12. Zerebrales Aquädukt (Sylvius-Aquädukt)
13. Luschka Lateral Foramen
14. Vierter Ventrikel
15. Foramen de Magendie (mediane Öffnung)
16. Zentraler Kanal

HIRNVENTRIKEL

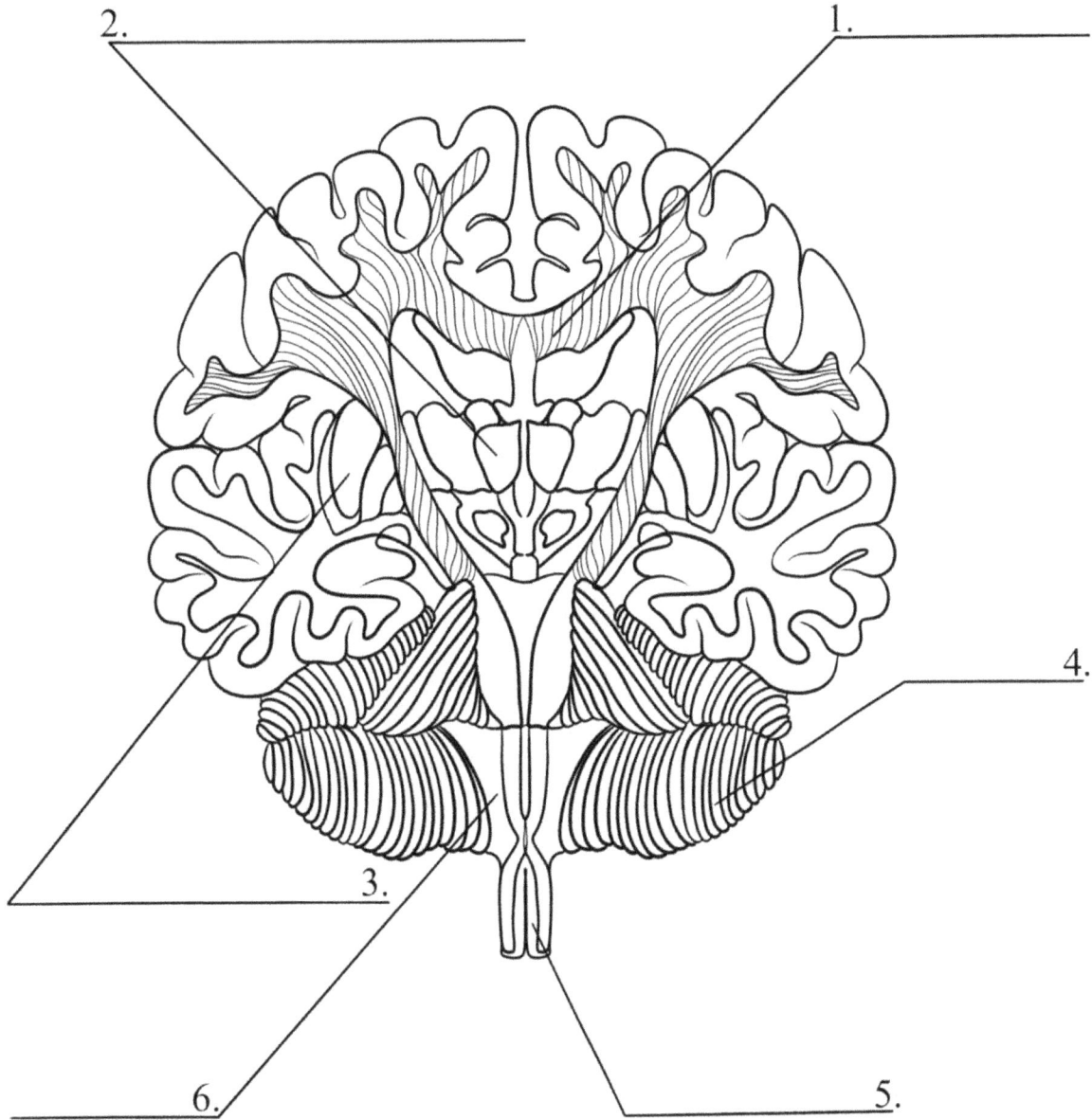

HIRNVENTRIKEL

1. Korpus

2. Thalamus

3. Putamen

4. Kleinhirn

5. Das Rückenmark

6. Medulla

VISUELLES SYSTEM

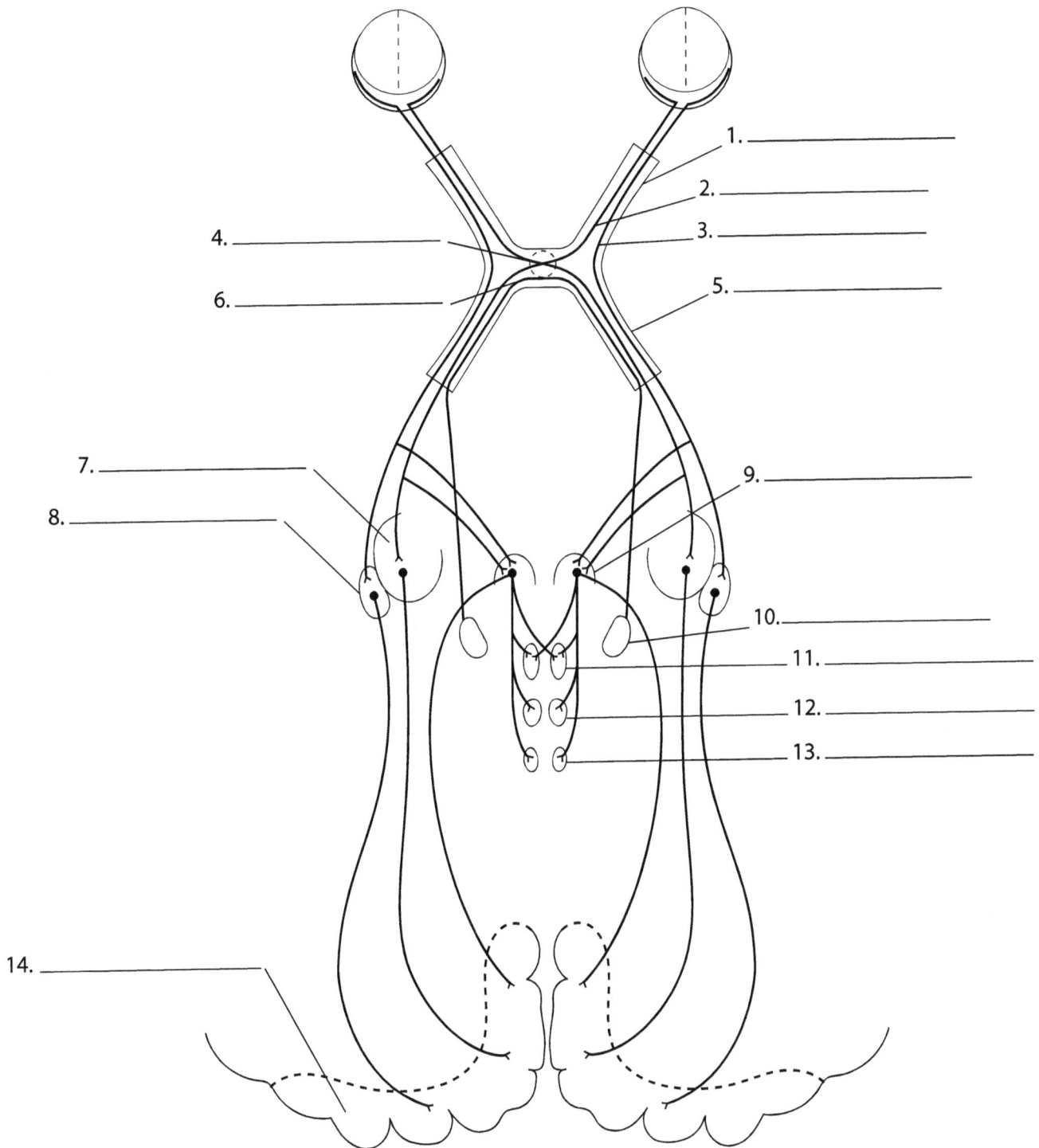

1. _____
2. _____
3. _____
4. _____
5. _____
6. _____
7. _____
8. _____
9. _____
10. _____
11. _____
12. _____
13. _____
14. _____

Visuelles System

1. Optischer Nerv
2. Faserkreuzung
3. Ungekreuzte Fasern
4. Optisches Chiasma
5. Optische Pfade
6. Guden Kommission
7. Pulvinar
8. Lateraler Genikularkörper
9. Oberer Kragen
10. Medialer Genikularkörper
11. Okulomotorischer Nervenkern
12. Trochlearis-Nervenkern
13. Abduktiver Nervenkern
14. Kortex des Okzipitallappens

TRIGEMINUS DER NERF-GRUPPE

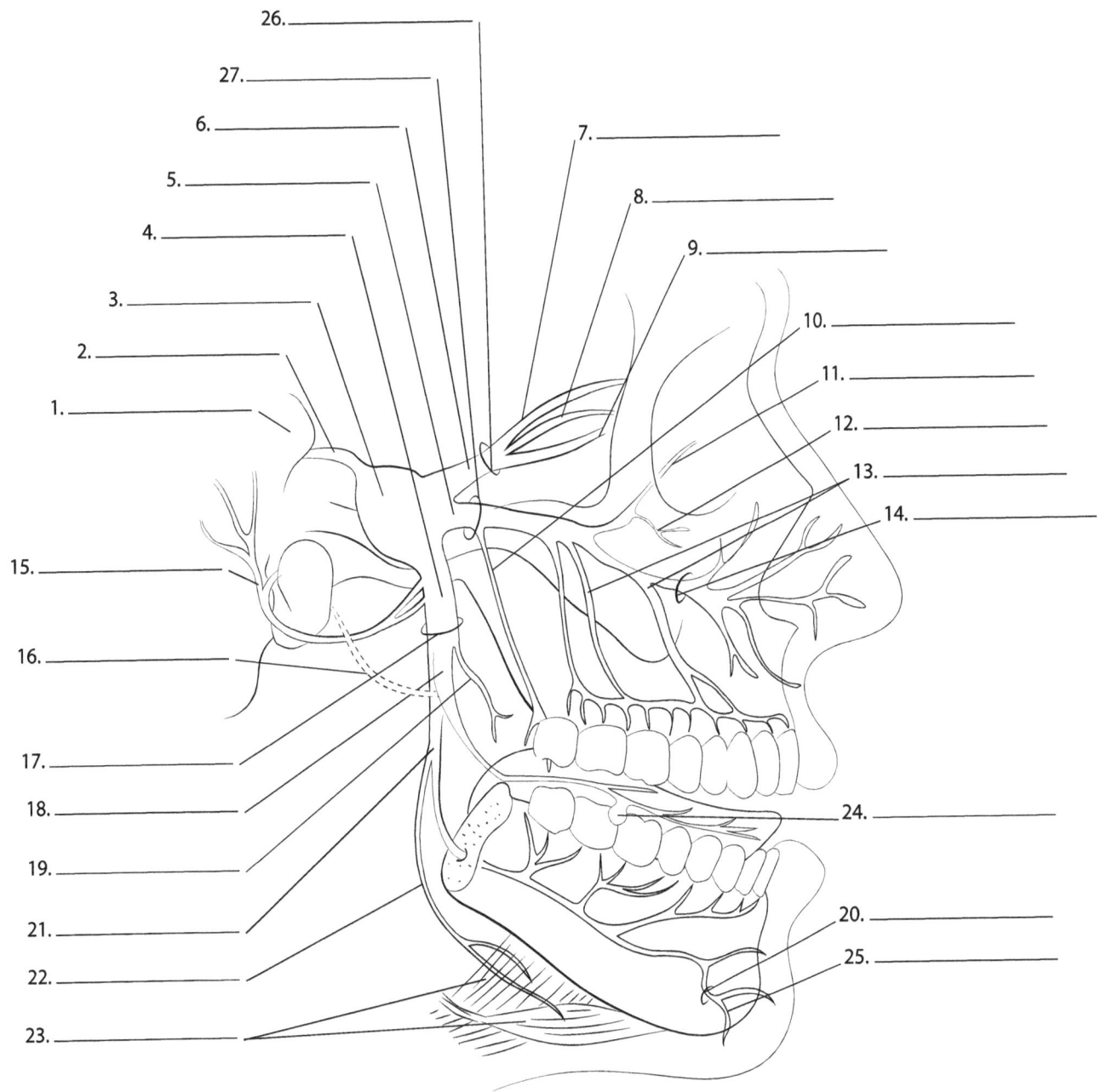

26. _____

27. _____

6. _____

5. _____

4. _____

3. _____

2. _____

1. _____

7. _____

8. _____

9. _____

10. _____

11. _____

12. _____

13. _____

14. _____

15. _____

16. _____

17. _____

18. _____

19. _____

21. _____

22. _____

23. _____

24. _____

20. _____

25. _____

TRIGEMINUS DER NERF-GRUPPE

1. Pons
2. Der Trigeminusnerv
3. Trigeminalganglion (V)
4. Unterkiefer-Teilung (V3)
5. Maximale Teilung (V2)
6. Abteilung Ophthalmologie (V1)
7. Nervus facialis
8. Der Nervus lacrimalis
9. Der Nervus nasociliaris
10. Nervi palatini (Groß- und Kleinschreibung)
11. Nervus infraorbitalis
12. Jochbeinnerv
13. Obere Alveolarnerven
14. Infraorbitales Foramen
15. Der Nervus auriculo-temporalis
16. Chorda tympani
17. Foramen ovale
18. Nervus lingualis
19. Der Nervus buccalis
20. Foramen mentale
21. Untere Alveolarnerven
22. Der Nervus mylohyoideus
23. Musculus mylohyoideus, vorderer Bauch des Musculus digastricus
24. Ganglion submandibularis
25. Der mentale Nerv
26. Obere Orbitalfissur
27. Foramen rotundum

GRUNDTYPEN VON NEURONEN

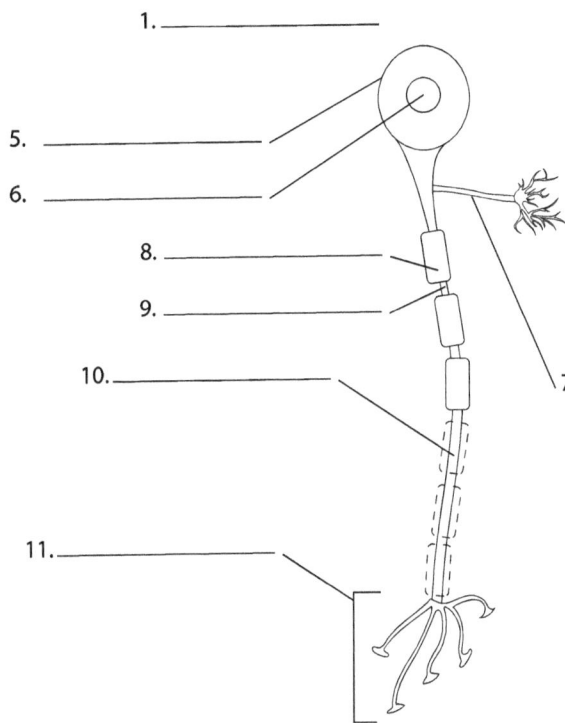

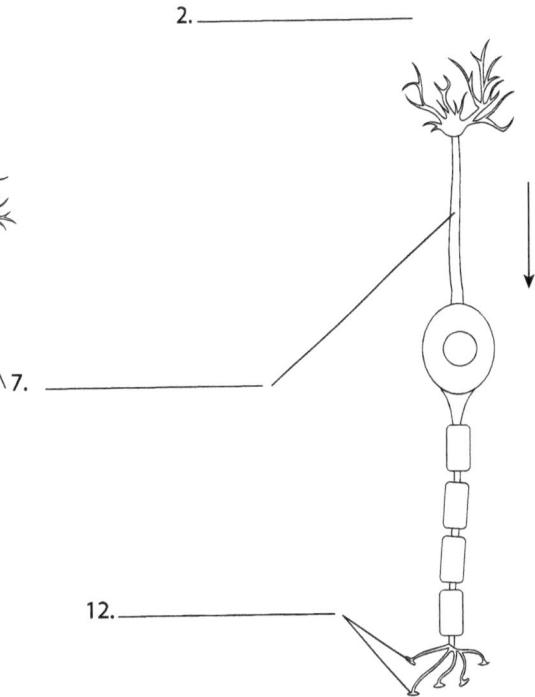

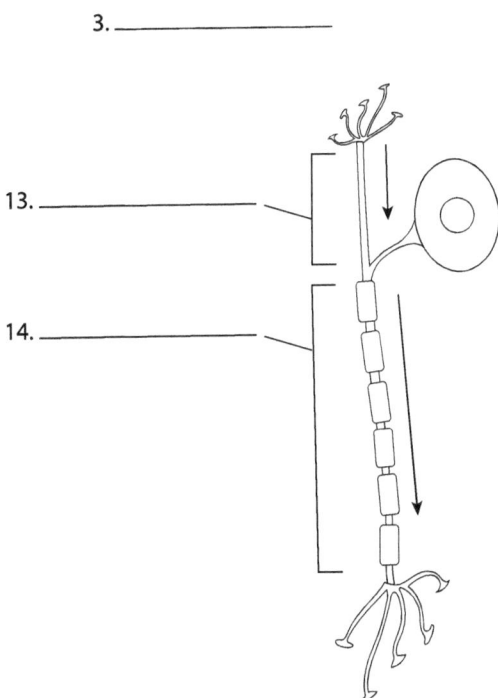

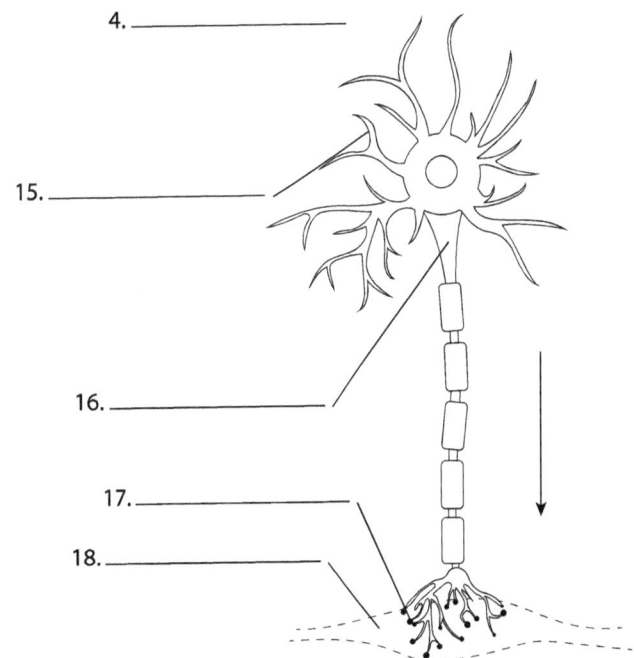

1. _____

2. _____

5. _____

6. _____

8. _____

9. _____

10. _____

7. _____

11. _____

12. _____

3. _____

4. _____

13. _____

15. _____

14. _____

16. _____

17. _____

18. _____

GRUNDTYPEN VON NEURONEN

1. Unipolares Neuron
2. Bipolares Neuron
3. Pseudo-Polares Neuron
4. Multipolares Neuron
5. Zellkörper
6. Nukleus
7. Dendriten
8. Myelinscheide
9. Ranvier'scher Knoten
10. Axon
11. Telodendrien (Axonendigungen)
12. Terminal-Tasten
13. Peripheriezweig
14. Zentrale Agentur
15. Dendriten
16. Axon-Hügel
17. Neuromuskuläre Synapsen
18. Muskeln

ANATOMIE DES RÜCKENMARKS

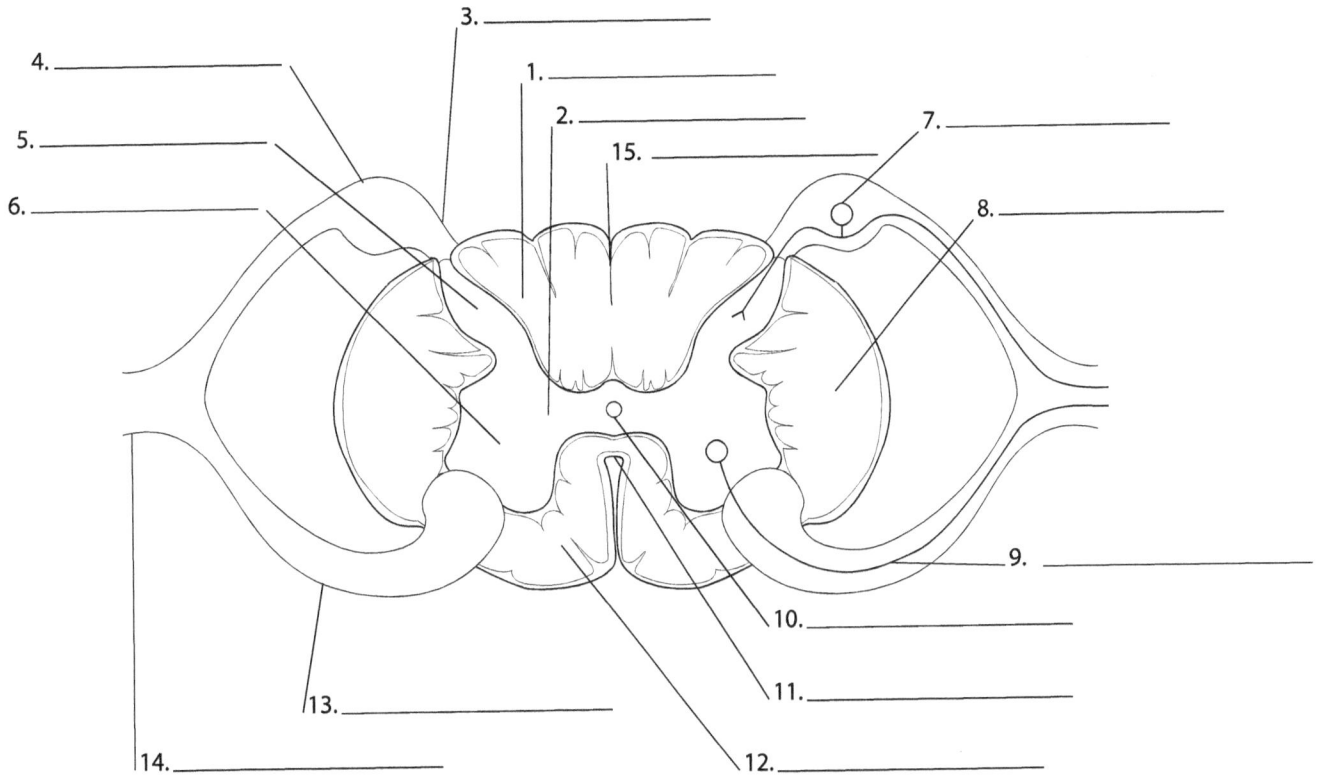

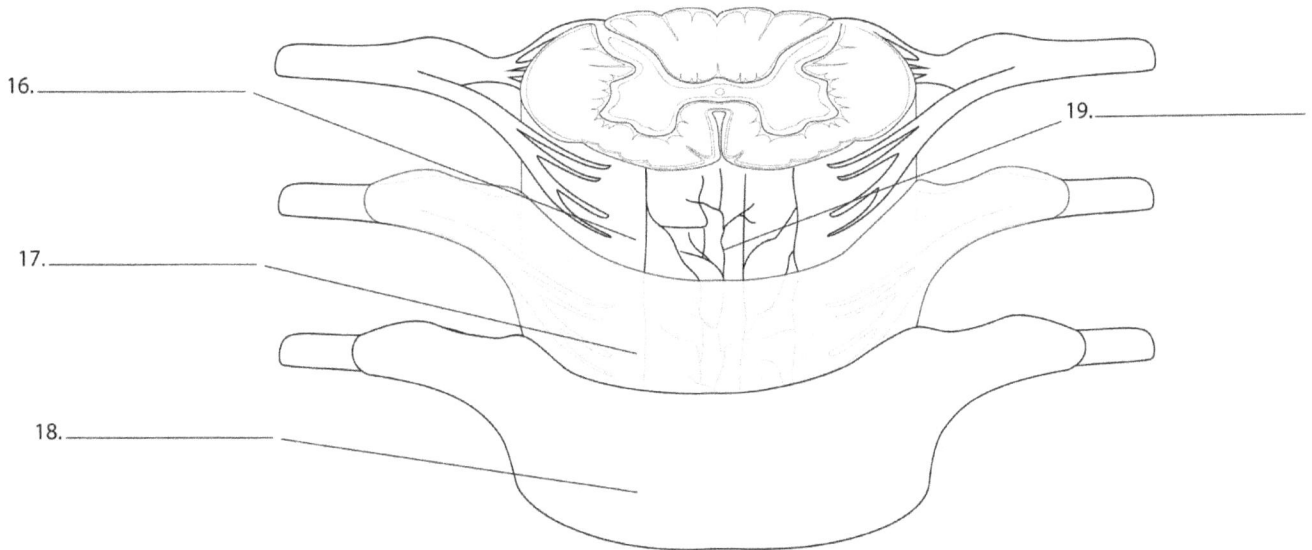

3. _____

4. _____

1. _____

5. _____

2. _____

7. _____

15. _____

6. _____

8. _____

9. _____

10. _____

11. _____

13. _____

12. _____

14. _____

16. _____

19. _____

17. _____

18. _____

ANATOMIE DES RÜCKENMARKS

1. Weiße Substanz

2. Graue Substanz

3. Dorsalwurzel

4. Dorsalwurzelganglion

5. Dorsalhorn

6. Ventral Horn

7. Soma von sensorischen Neuronen

8. Seitlicher Trichter

9. Motorisches Neuron

10. Zentraler Kanal

11. Anteriore mediale Fissur

12. Vorderer Funiculus

13. Ventrale Wurzel

14. Spinalnerv

15. Mediale hintere Furche

16. Pia mater

17. Arachnoidales Material

18. Dura mater

19. Gefäße

RÜCKENMARKSTRAKT

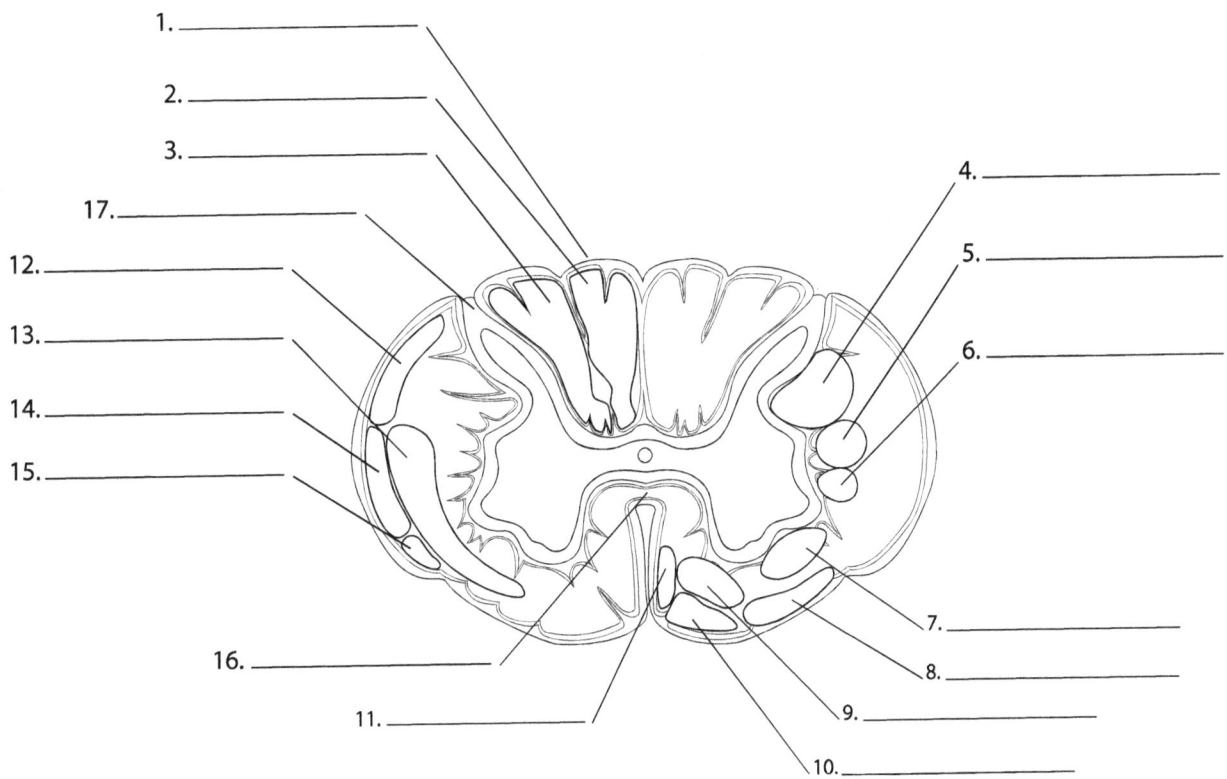

1. _____
2. _____
3. _____
17. _____
12. _____
13. _____
14. _____
15. _____
16. _____
11. _____

4. _____
5. _____
6. _____
7. _____
8. _____
9. _____
10. _____

RÜCKENMARKSTRAKT

1. Hinteres (dorsales) Wirbelsäulensystem

2. Grazile Faszie

3. Fasciculus Cuneatus

4. Lateraler kortikospinaler Trakt (pyramidal)

5. Der Gastrospinaltrakt

6. Absteigende autonome Fasern

7. Retikulo-spinale (laterale) Markbahn

8. Vestibulospinaler Trakt

9. Retikulo-spinaler (medialer) Pontinentaltrakt

10. Tektospinaler Trakt

11. Anteriorer kortikospinaler (ventraler) Trakt

12. Hinterer Spinozerebellar-Trakt (dorsal)

13. Anterolaterales System (5 Fächer)

14. Anteriorer (ventraler) spinozerebellärer Trakt

15. Spino-Olivar-Trakt

16. Vorheriger Beauftragter

17. Dorsalfaszikel (Lissauer-Trakt)

SCHÄDEL (VORDERANSICHT)

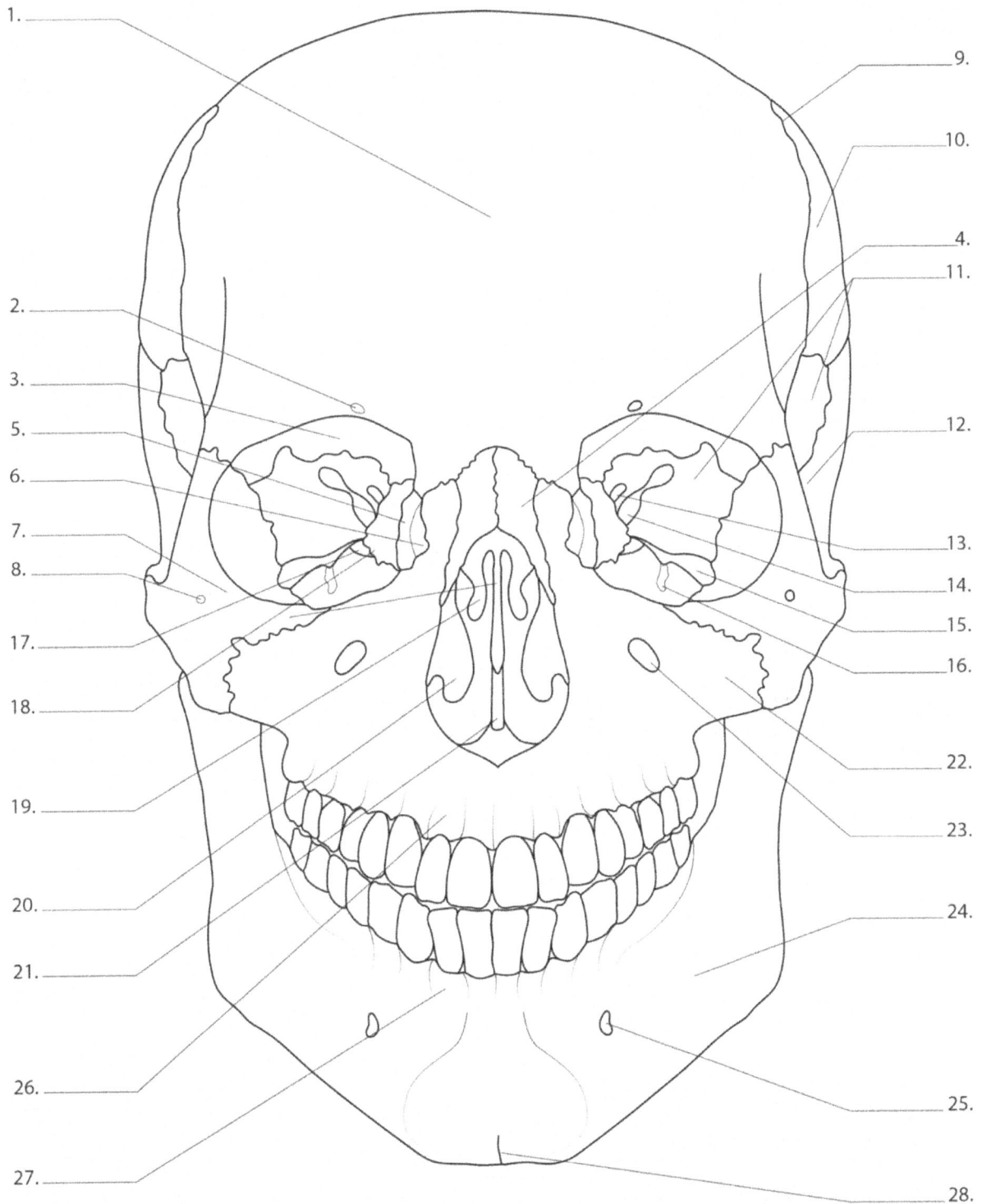

1.
2.
3.
5.
6.
7.
8.
17.
18.
19.
20.
21.
26.
27.

9.
10.
4.
11.
12.
13.
14.
15.
16.
22.
23.
24.
25.
28.

SCHÄDEL (VORDERANSICHT)

1. Stirnbein
2. Supraorbitales Foramen
3. Umlaufbahn
4. Nasenbein
5. Tränenbein
6. Tränengrube
7. Jochbein
8. Fossa cygomaticofacialis
9. Koronalnaht
10. Scheitelbein
11. Phenoid-Knochen
12. Schläfenbein
13. Optischer Kanal
14. Obere Orbitalfissur
15. Untere Orbitalfissur
16. Sulcus infraorbitalis
17. Gaumenknochen
18. Siebbein
19. Mittlere Muschel
20. Untere Muschel
21. Vomer
22. Oberkiefer
23. Infraorbitales Foramen
24. Unterkiefer
25. Foramen mentale
26. Alveolarfortsatz des Oberkiefers
27. Alveolarfortsatz des Unterkiefers
28. Mentale Protuberanz des Unterkiefers

SCHÄDELBASIS (AUßENANSICHT)

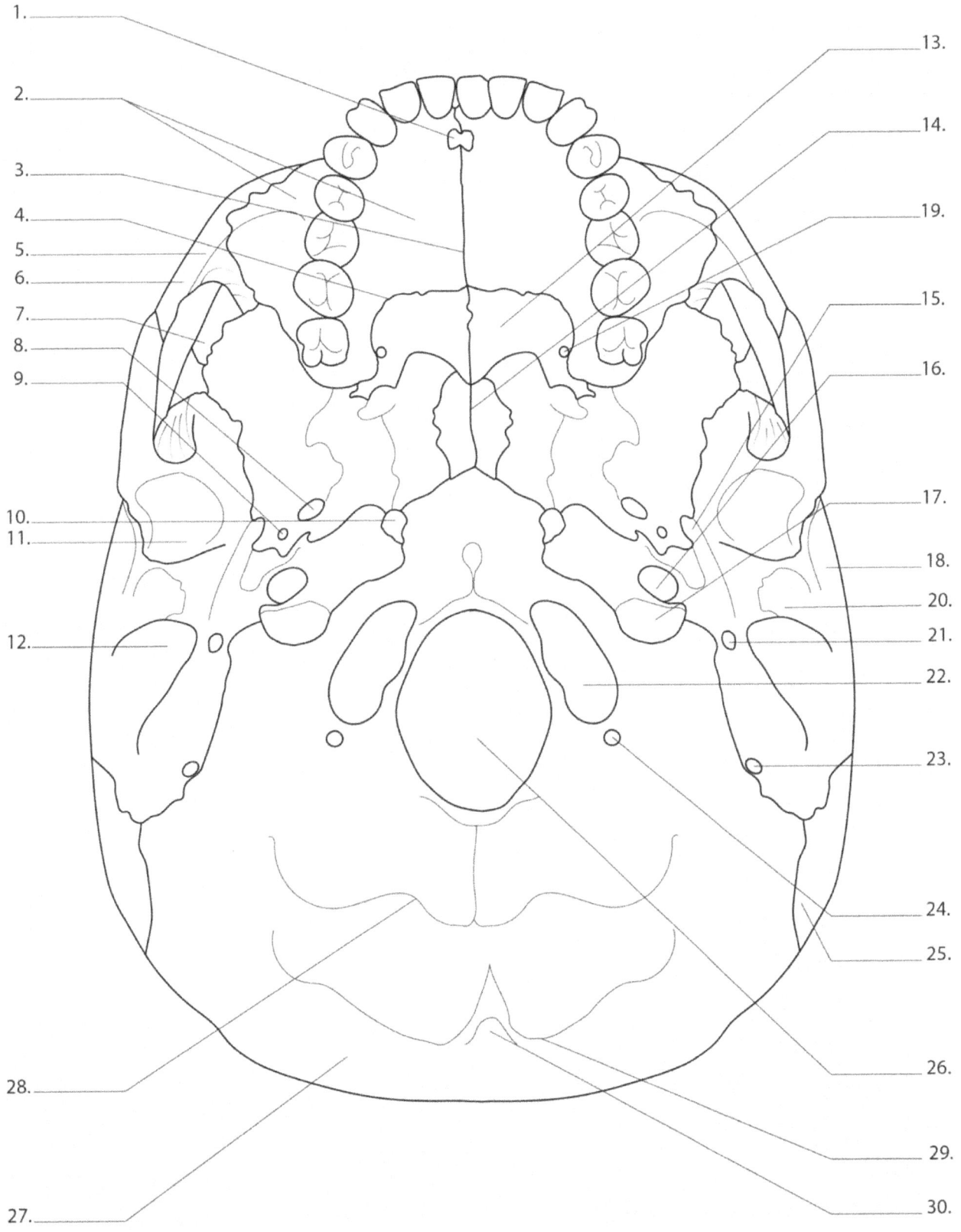

1.

2.

3.

4.

5.

6.

7.

8.

9.

10.

11.

12.

13.

14.

19.

15.

16.

17.

18.

20.

21.

22.

23.

24.

25.

26.

28.

29.

27.

30.

SCHÄDELBASIS (AUßENANSICHT)

1. Inzisives Foramen
2. Oberkiefer
3. Mediane Gaumennaht
4. Transversale Gaumennaht
5. Jochbein
6. Jochbeinbogen
7. Stirnbein
8. Foramen ovale
9. Foramen spinosum
10. Foramen lacerum
11. Fossa mandibularis
12. Warzenfortsatz
13. Gaumenknochen
14. Vomer
15. Der Processus styloideus
16. Karotiskanal
17. Foramen jugulare
18. Schläfenbein
19. Foramina palatina
20. Äußerer Gehörgang
21. Foramen stylomastoideum
22. Okzipitaler Kondylus
23. Mastoidforamen
24. Angeborene Fossa
25. Scheitelbein
26. Foramen magnum
27. Hinterhauptbein
28. Untere Nackenlinie
29. Obere Nackenlinie
30. Äußerer Hinterhaupthöcker

SCHÄDELBASIS (INNENANSICHT)

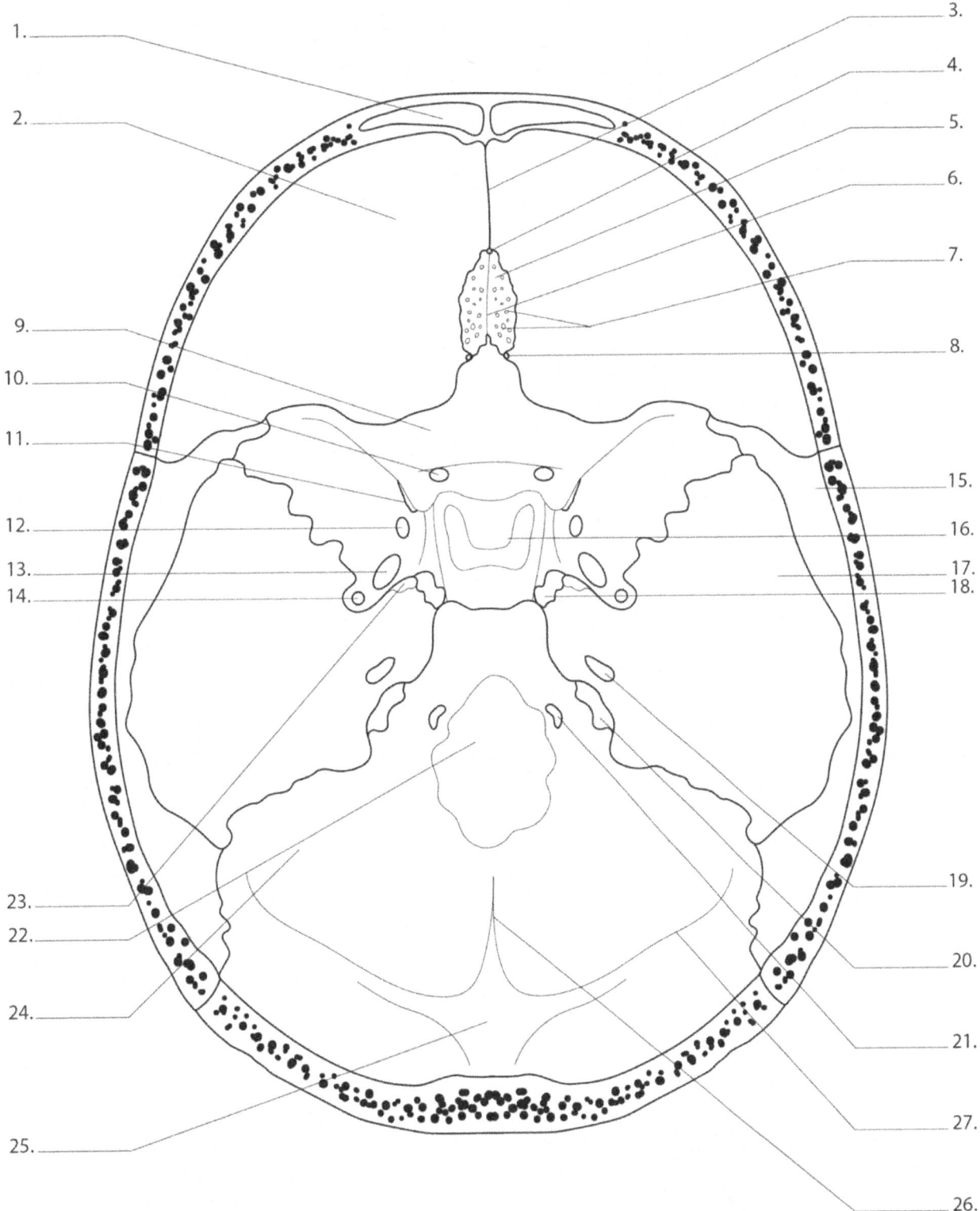

SCHÄDELBASIS (INNENANSICHT)

1. Sinus frontalis
2. Stirnbein
3. Frontaler Grat
4. Foramen caecum
5. Siebbein
6. Crista galli
7. Kribriforme Platte
8. Foramen ethmoidale posterius
9. Keilbein (Phenoid)
10. Optisches Foramen
11. Fissura orbitalis superior
12. Foramen rotundum
13. Foramen ovale
14. Foramen spinosum
15. Scheitelbein
16. Sella turcica
17. Schläfenbein
18. Foramen lacerum
19. Innerer Gehörgang
20. Foramen jugulare
21. Hypoglossus-Kanal
22. Foramen magnum
23. Karotiskanal
24. Hinterhauptbein
25. Innerer Hinterhaupthöcker
26. Interner Okzipitalkamm
27. Transversale Sinusrinne

KIEFERGELENK (SEITLICHE ANSICHT)

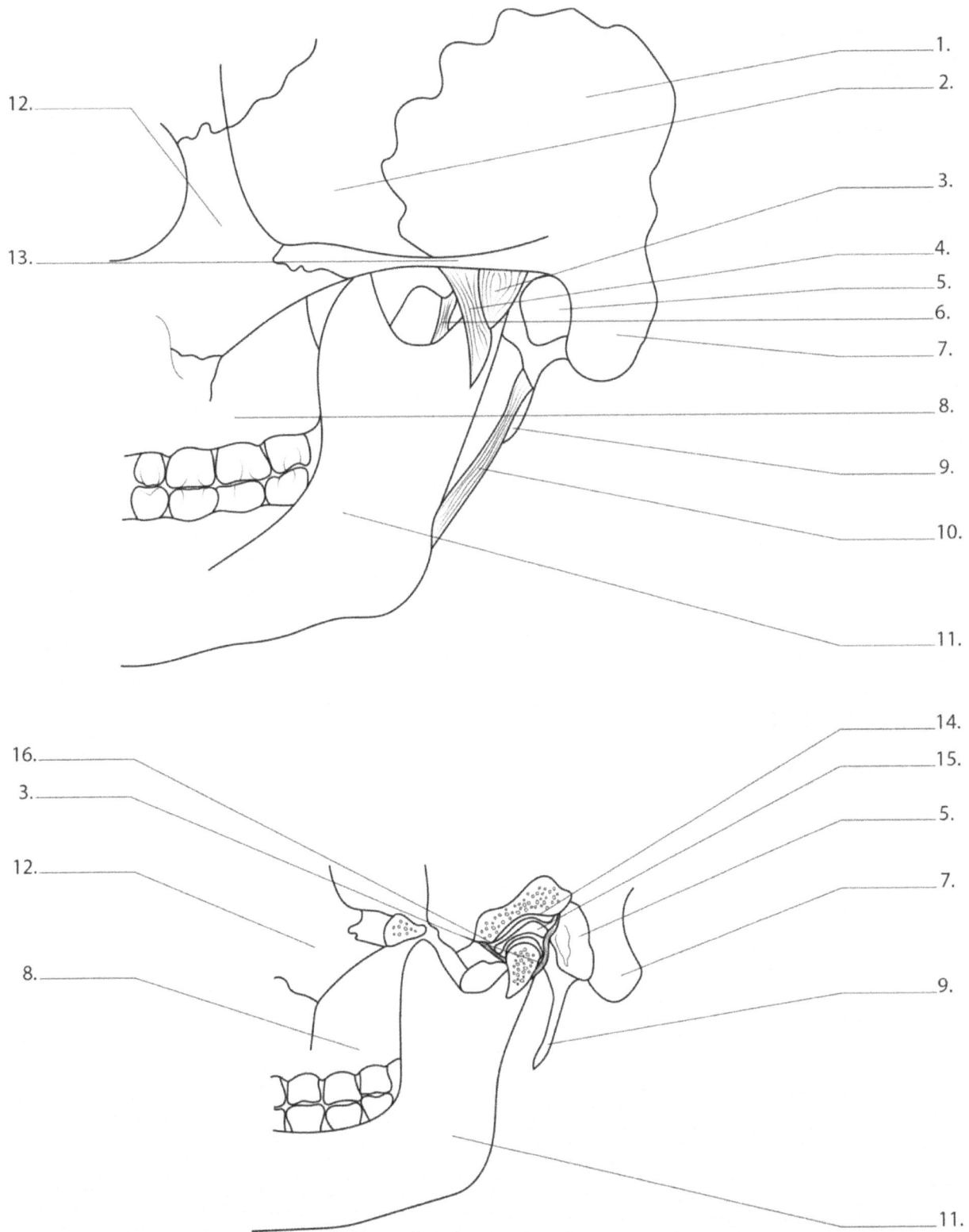

1.

2.

3.

4.

5.

6.

7.

8.

9.

10.

11.

12.

13.

14.

15.

16.

KIEFERGELENK (SEITLICHE ANSICHT)

1. Schläfenbein

2. Phenoid-Knochen

3. Gelenkkapsel

4. Lateralband

5. Äußerer Gehörgang

6. Phenomandibulares Ligament

7. Warzenfortsatz

8. Oberkiefer

9. Der Processus styloideus

10. Styomandibuläres Ligament

11. Ramus des Unterkiefers

12. Jochbein

13. Jochbeinbogen

14. Fossa mandibula

15. Gelenkscheibe

16. Gelenk-Tuberkulose

MUSKELN DES GESICHTS (VORDERANSICHT)

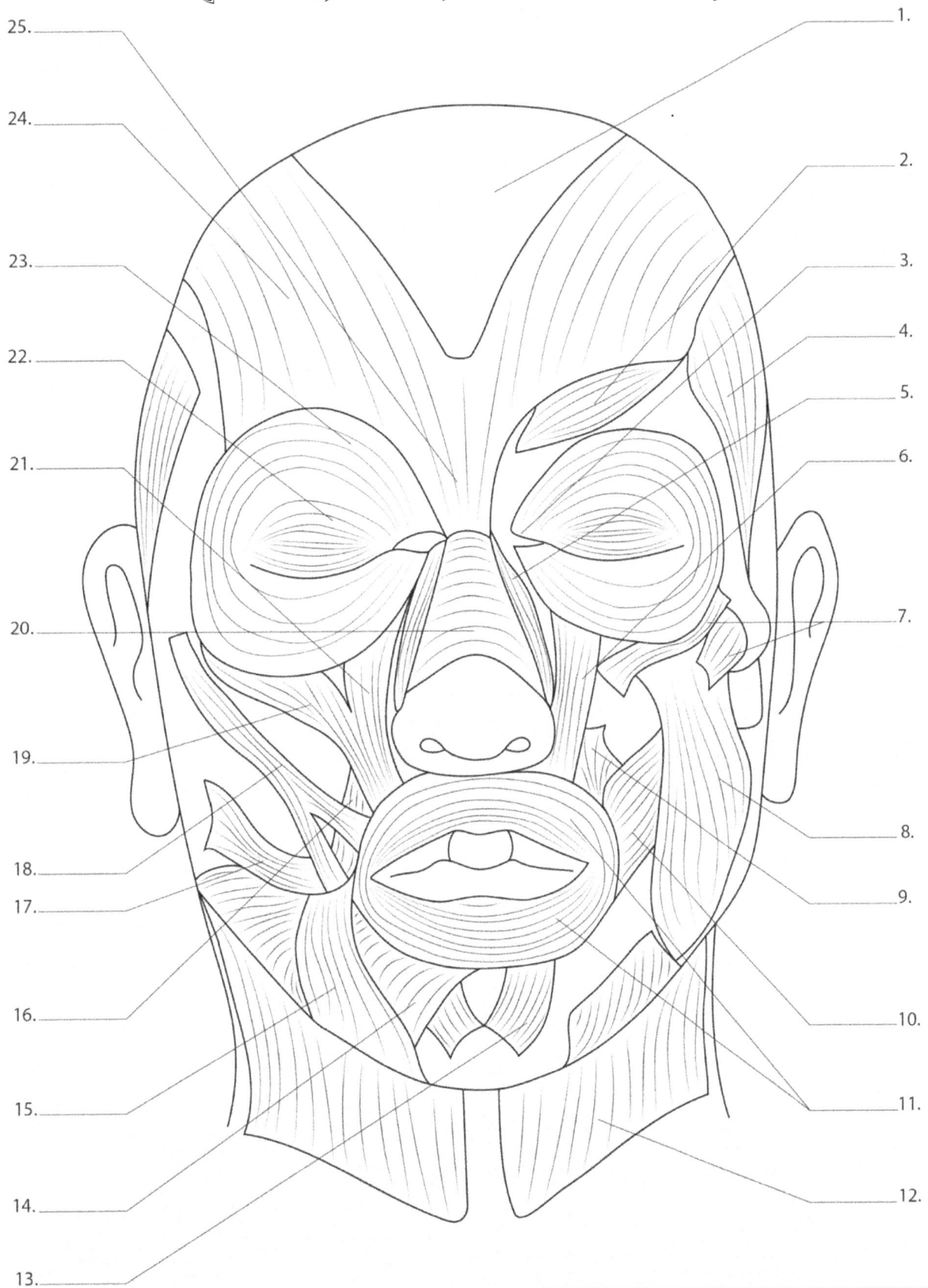

25.

24.

23.

22.

21.

20.

19.

18.

17.

16.

15.

14.

13.

1.

2.

3.

4.

5.

6.

7.

8.

9.

10.

11.

12.

MUSKELN DES GESICHTS (VORDERANSICHT)

1. Epikraniale Aponeurose

2. Superciliarer Corrugator-Muskel

3. Musculus levator labii superioris alaeque nasi

4. Schläfenmuskel

5. Nasenmuskel (Pars transversa)

6. Muskel Levator labii superior

7. Jochbeinmuskel minor und major

8. Massagegerät für Muskeln

9. Muskel Levator anguli oris

10. Mundmuskel

11. Musculus orbicularis oris

12. Platysma

13. Mentalis-Muskel

14. Musculus labii inferioris depressiv

15. Anguli oris muskelentspannend

16. Muskel Levator anguli oris

17. Risorius-Muskel

18. Großer Jochbeinmuskel

19. Kleiner Jochbeinmuskel

20. Nasenmuskel (Pars alaris)

21. Muskel Levator labii superioris

22. Musculus orbicularis oculi (Augenlidteil)

23. Musculus orbicularis oculi (Augenhöhlenanteil)

24. Occipitofrontalis-Muskel (frontaler Teil)

25. Muskel Procerus

GESICHTS- UND HALSMUSKULATUR (SEITENANSICHT)

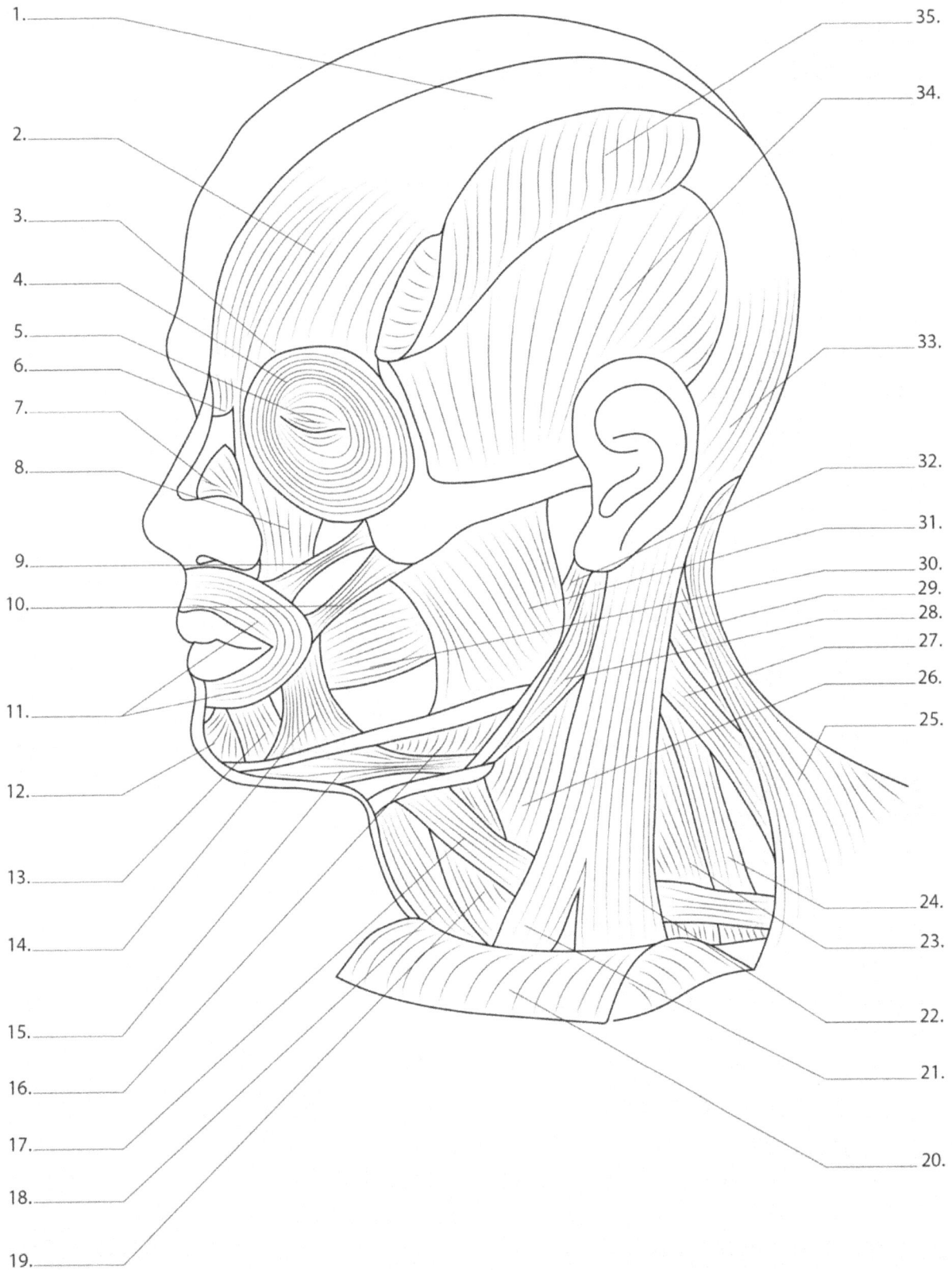

1.
2.
3.
4.
5.
6.
7.
8.
9.
10.
11.
12.
13.
14.
15.
16.
17.
18.
19.

20.
21.
22.
23.
24.
25.
26.
27.
28.
29.
30.
31.
32.
33.
34.
35.

GESICHTS- UND HALSMUSKULATUR (SEITENANSICHT)

1. Epikraniale Aponeurose
2. Frontalbauch des Musculus occipitofrontalis
3. Musculus corrugator suprcilii
4. Musculus orbicularis oculi (Augenlidteil)
5. Musculus orbicularis oculi (Augenhöhlenanteil)
6. Muskel Procerus
7. Nasenmuskel
8. Muskel Levator labii superiorus
9. Musculus zygomaticus minor
10. Großer Jochbeinmuskel
11. Musculus orbicularis oris
12. Mentalis-Muskel
13. Musculus labii inferioris depressiv
14. Anguli oris muskelentspannend
15. Digastricus-Muskel (vorderes Abdomen)
16. Musculus mylohyoideus
17. Omohyoideus-Muskel
18. Muskuläres Steroid
19. Muskel-Schilddrüse
20. Platisma
21. Musculus sternocleidomastoideus (Kopf des Brustbeins)
22. Sternocleidomastoideus (Klavikularkopf)
23. Mittlerer Scalene-Muskel
24. Hinterer Skalenusmuskel
25. Trapezmuskel
26. Pharyngealer Konstriktormuskel
27. Levator Scapula Muskel
28. Digastricus-Muskel (Hinterbauch)
29. Muskel-Splenius
30. Mundmuskel
31. Massagegerät für Muskeln
32. Stylohyoid-Muskel
33. Okzipitaler Bauch des Musculus occipitofrontalis
34. Schläfenmuskel
35. Musculus temporoparietalis

KOPF- UND HALSKNOCHEN (SEITENANSICHT)

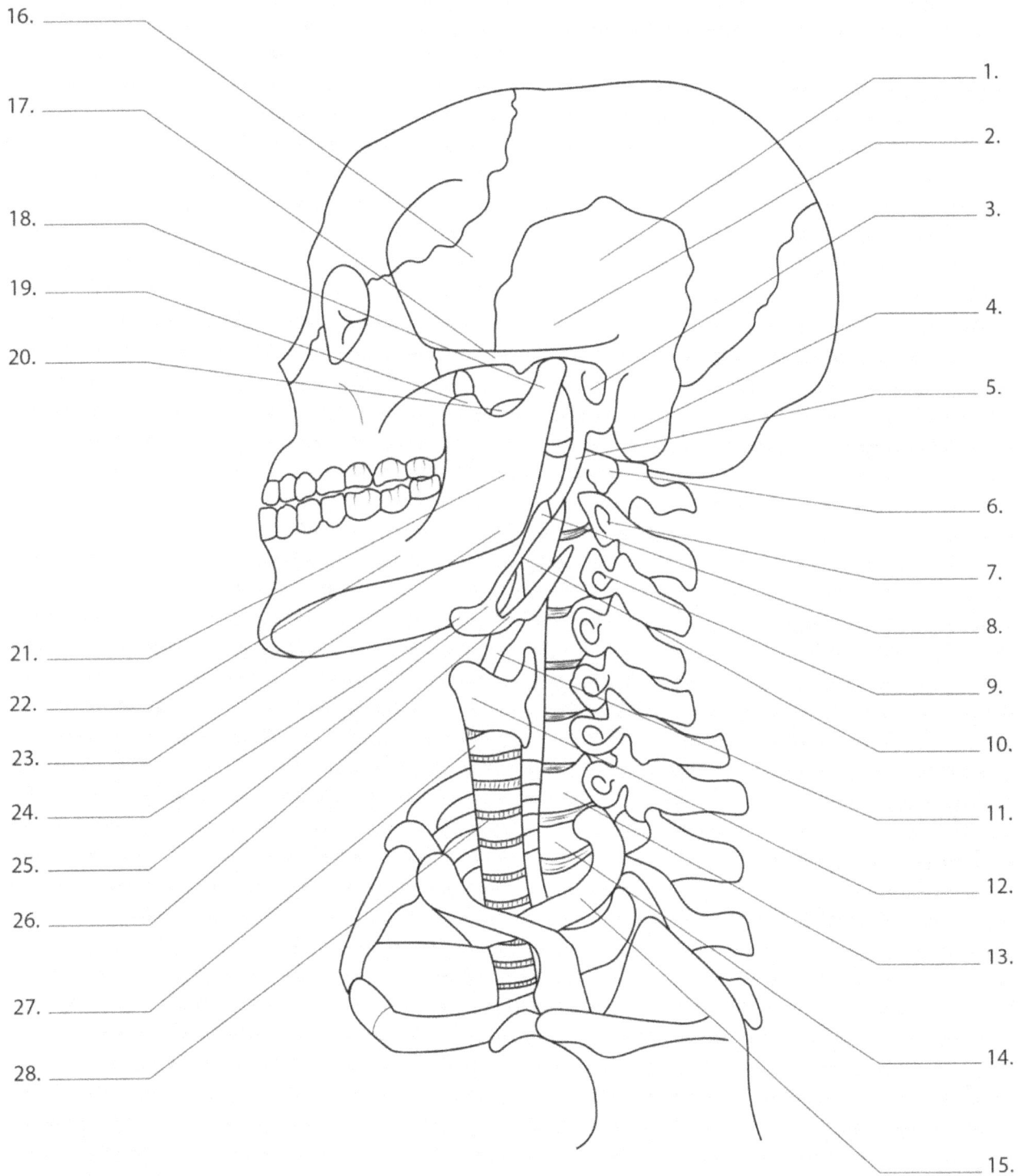

16.

17.

18.

19.

20.

21.

22.

23.

24.

25.

26.

27.

28.

1.

2.

3.

4.

5.

6.

7.

8.

9.

10.

11.

12.

13.

14.

15.

KOPF- UND HALSKNOCHEN (SEITENANSICHT)

1. Schläfenbein
2. Zeitgrube
3. Äußerer Gehörgang
4. Mostoid-Verfahren
5. Der Processus styloideus
6. Atlas (C1)
7. Achse (C2)
8. Styomandibulares Ligament
9. C3-Wirbel
10. Ligamentum stylohyoideum
11. Epiglottis
12. Schilddrüsenknorpel
13. C7-Wirbel
14. T1-Wirbel
15. 1. Küste
16. Phenoid-Knochen
17. Jochbeinbogen
18. Kondylenfortsatz des Unterkiefers
19. Processus coronoideus des Unterkiefers
20. Unterkieferkerbe (Kerbe)
21. Ramus des Unterkiefers
22. Körper des Unterkiefers
23. Winkel des Unterkiefers
24. Körper des Zungenbeins
25. Unterhorn des Zungenbeins
26. Großes Horn des Zungenbeins
27. Krikoidknorpel
28. Luftröhre

BRUSTMUSKELN (VORDERANSICHT)

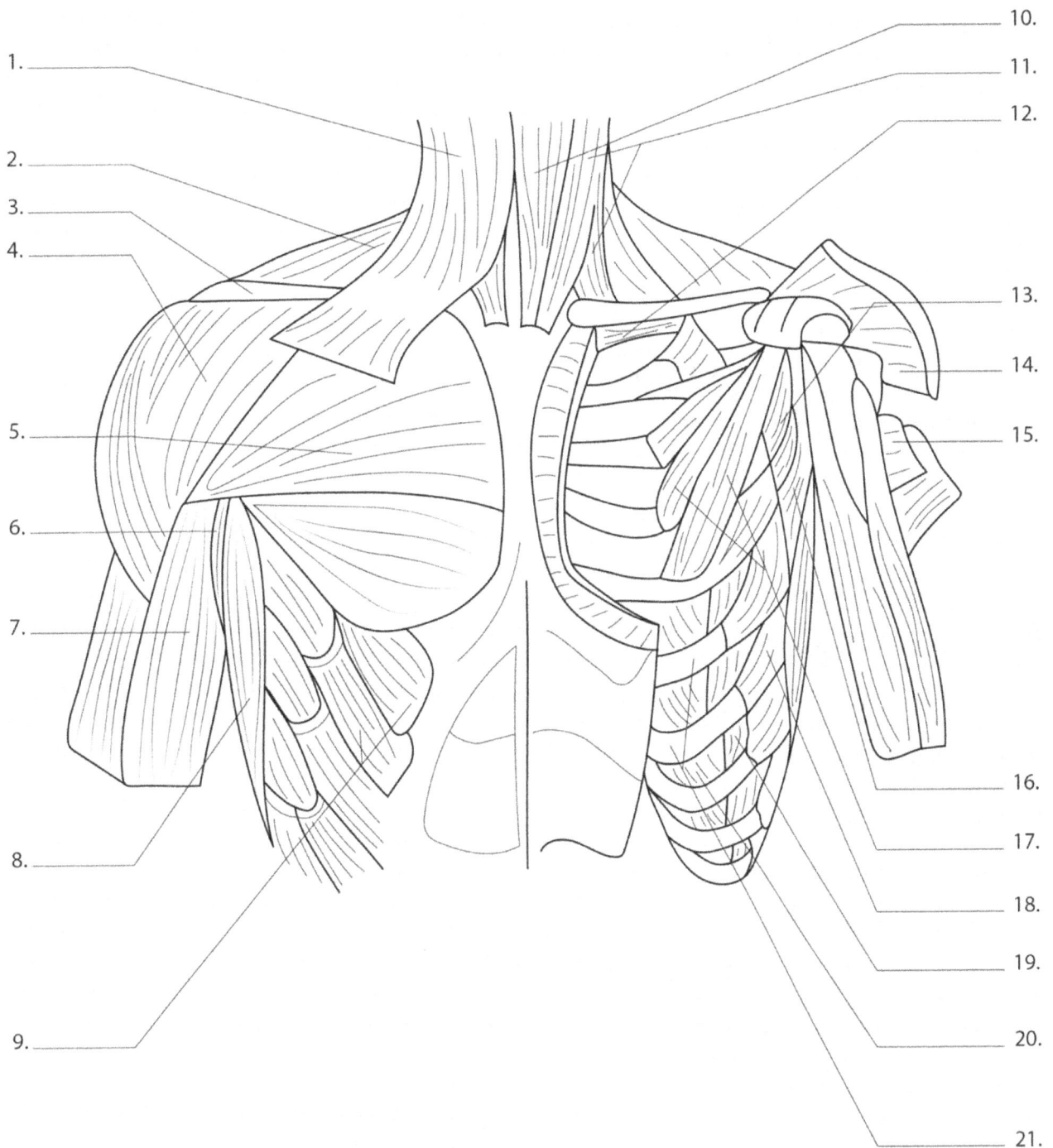

1.

2.

3.

4.

5.

6.

7.

8.

9.

10.

11.

12.

13.

14.

15.

16.

17.

18.

19.

20.

21.

BRUSTMUSKELN (VORDERANSICHT)

1. Muskelplatysmus

2. Trapezmuskel

3. Muskel Schlüsselbein

4. Deltamuskel

5. Großer Brustmuskel

6. Coracobrachialis-Muskel

7. Bizeps brachialer Muskel

8. Latissimus dorsi Muskel

9. Schräger äußerer Bauchmuskel

10. Muskuläres Steroid

11. Muskulärer Sternocleidomastoideus

12. Muskeltastatur

13. Deltamuskel (Schnitt)

14. Musculus subscapularis

15. Musculus pectoralis major (Schnitt)

16. Musculus teres major

17. Kleiner Brustmuskel

18. Muskel Serratus anterior

19. Äußerer Interkostalmuskel

20. Innerer Zwischenrippenmuskel

21. Küsten

DIE BRUSTMUSKULATUR
(RÜCKENANSICHT)

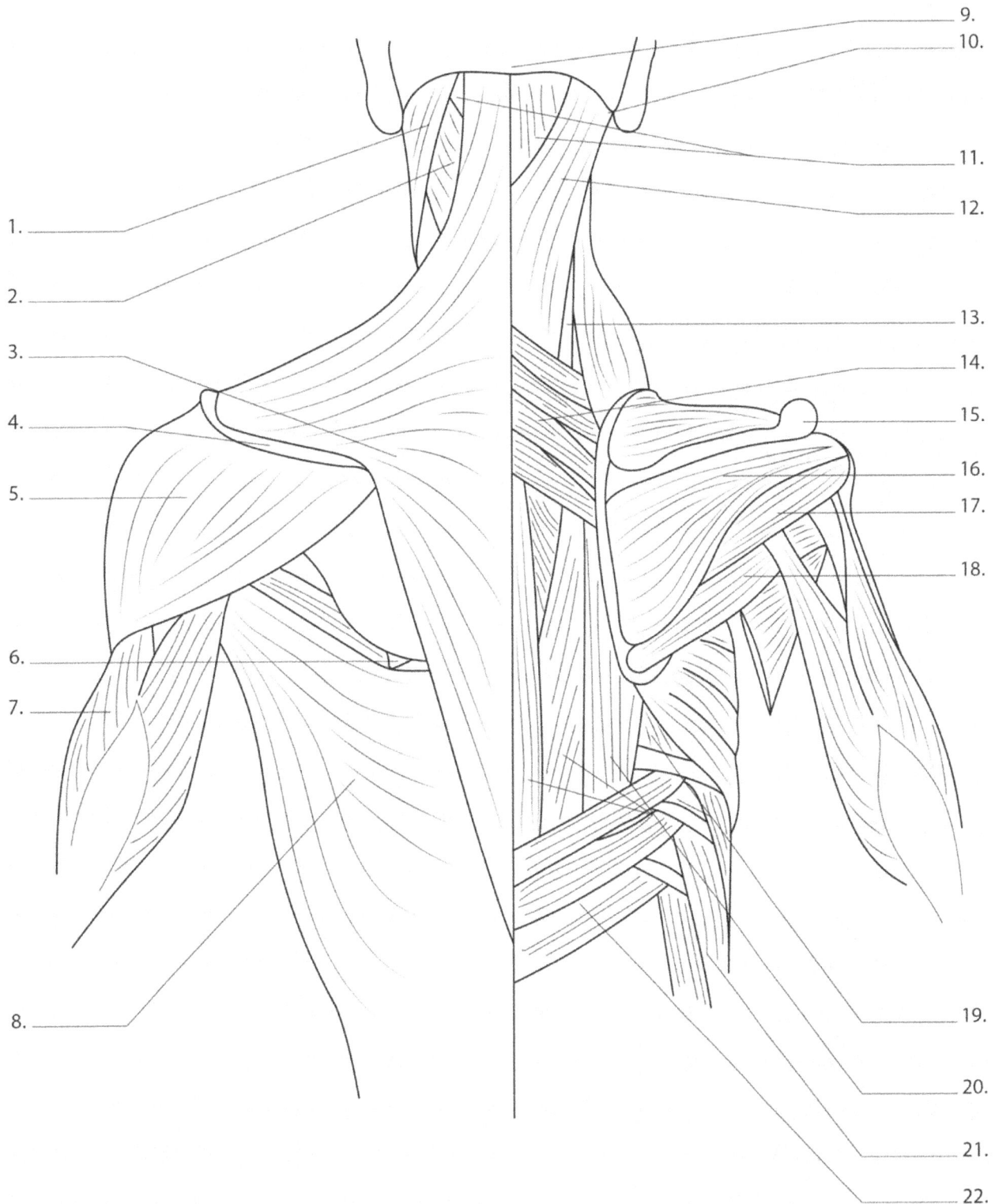

9.

10.

11.

12.

1.

2.

13.

3.

14.

4.

15.

5.

16.

17.

18.

6.

7.

19.

8.

20.

21.

22.

DIE BRUSTMUSKULATUR (RÜCKENANSICHT)

1. Muskulärer Sternocleidomastoideus

2. Muskel Splenius capitis

3. Trapezmuskel

4. Spina scapula

5. Deltamuskel

6. Unterer Winkel des Schulterblatts

7. Muskel Trizeps brachii

8. Latissimus dorsi Muskel

9. Äußerer Hinterhaupthöcker

10. Processus mastoideus des Schläfenbeins

11. Musculus semispinalis capitis

12. Muskel Splenius capitis

13. Muskel Splenius cervicis

14. Oberer hinterer Serratus-Muskel

15. Schulterblatt-Akromion-Prozess

16. Subspinatus-Muskel

17. Muskel teres minor

18. Musculus teres major

19. Äußerer Interkostalmuskel

20. Muskel Erector spinae (Gruppe)

21. Schräger äußerer Bauchmuskel

22. Unterer hinterer Serratus-Muskel

BRUSTKNOCHEN (VORDER- UND RÜCKANSICHT)

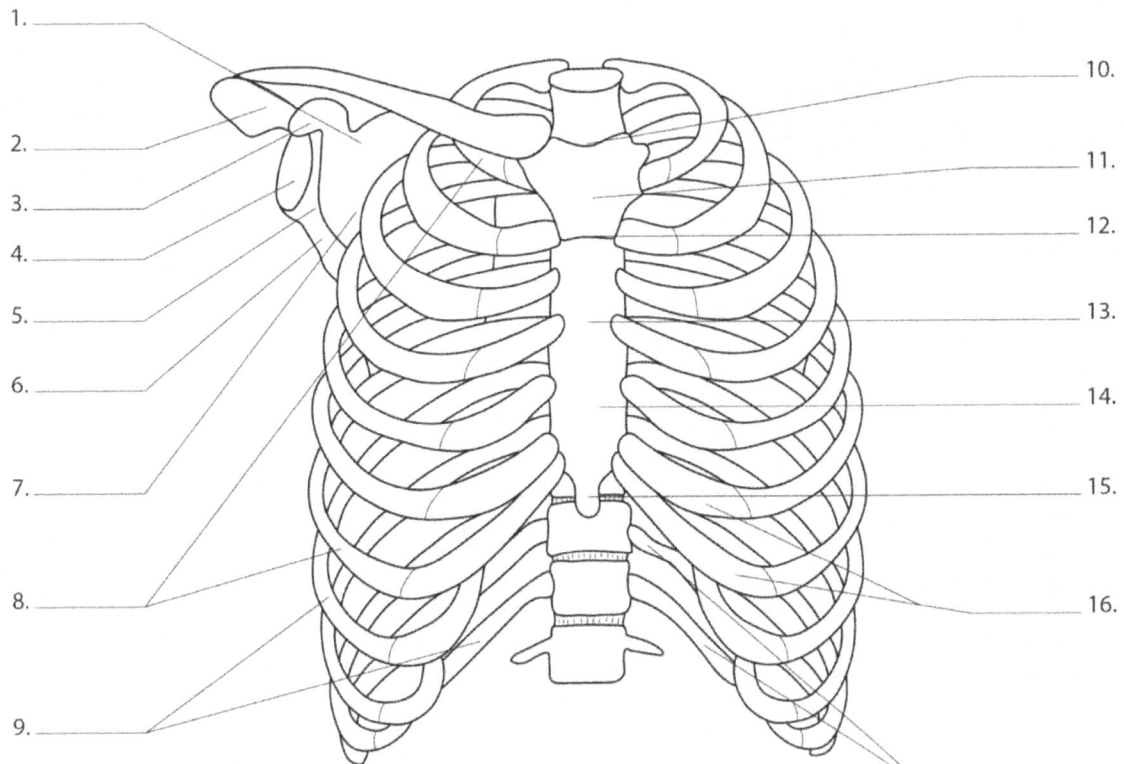

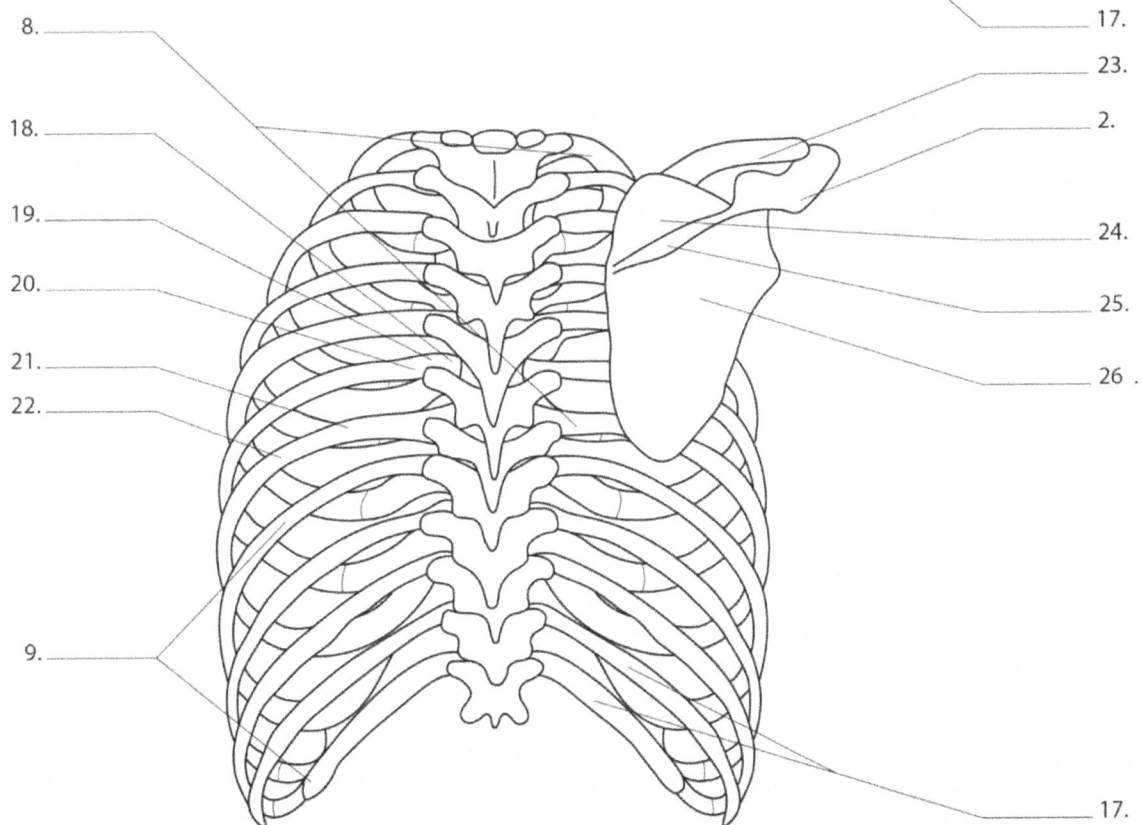

1.

2.

3.

4.

5.

6.

7.

8.

9.

10.

11.

12.

13.

14.

15.

16.

17.

8.

18.

19.

20.

21.

22.

9.

23.

2.

24.

25.

26 .

17.

BRUSTKNOCHEN (VORDER- UND RÜCKANSICHT)

1. Suprascapuläre Kerbe
2. Acromion des Schulterblatts
3. Processus coracoideus des Schulterblatts
4. Glenoidhöhle des Schulterblatts
5. Hals des Schulterblatts
6. Schulterblatt
7. Fossa Scapularis
8. Die echten Rippen (1-7)
9. Falsche Rippen (8-12)
10. Juguläre Kerbe des Brustbeins
11. Sternum Manubrium
12. Winkel des Brustbeins
13. Sternum-Körper
14. Sternum
15. Xiphoid-Prozess
16. Küstenknorpel
17. Schwimmende Rippen (11-12)
18. Kopf der Rippen
19. Rippenhals
20. Rippenrohre
21. Küstenwinkel
22. Küstenkörper
23. Clavicula
24. Fossa supraspinata der Scapula
25. Wirbelsäule des Schulterblatts
26. Fossa infraspinosa des Schulterblatts

ORGANE DER BRUSTHÖHLE
(VORDERANSICHT)

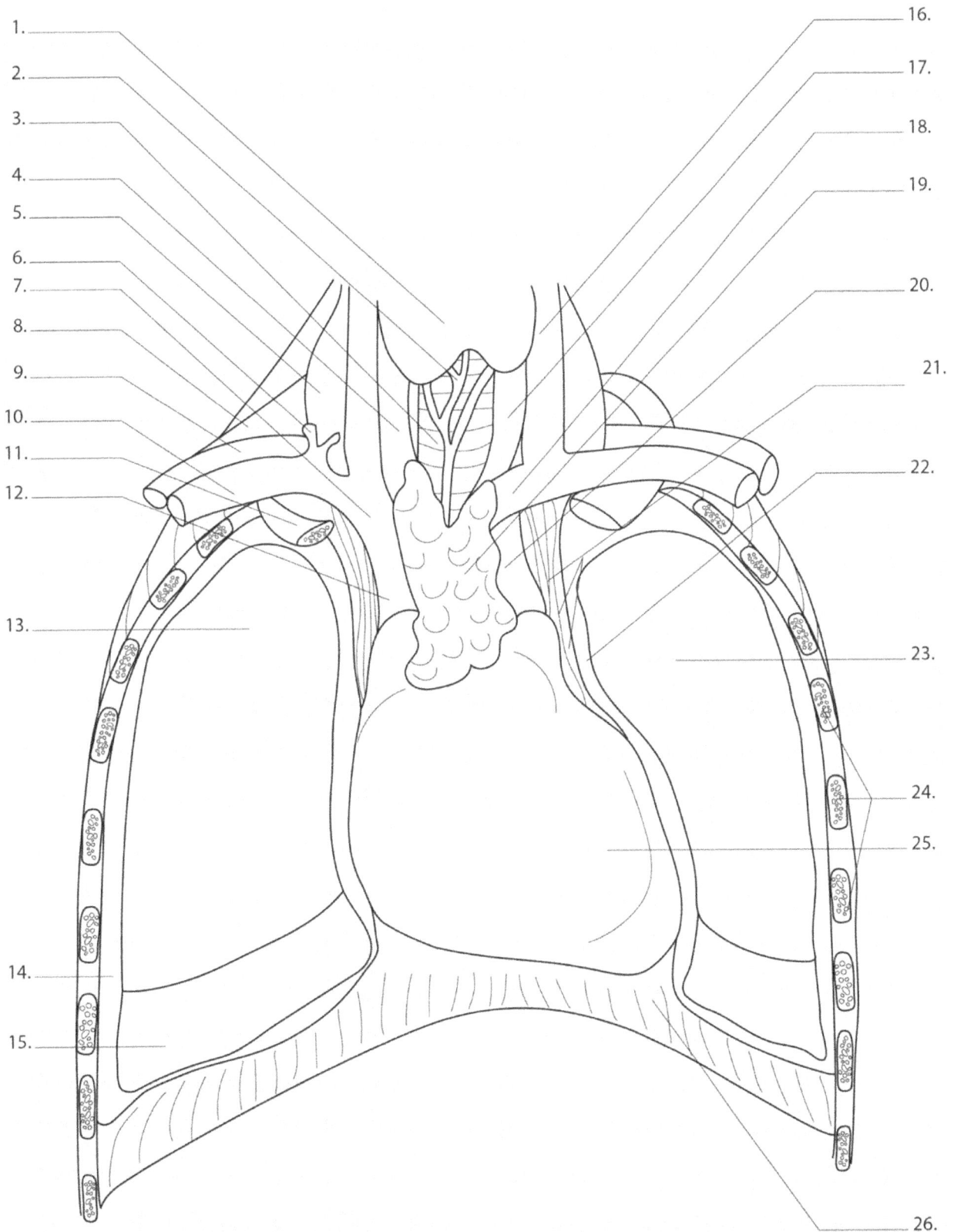

1.

2.

3.

4.

5.

6.

7.

8.

9.

10.

11.

12.

13.

14.

15.

16.

17.

18.

19.

20.

21.

22.

23.

24.

25.

26.

ORGANE DER BRUSTHÖHLE (VORDERANSICHT)

1. Die Schilddrüse

2. Untere Schilddrüsenvene

3. Luftröhre

4. Brachiozephaler Rumpf

5. Vorderer Skalenusmuskel

6. Externe Jugularvene

7. Rechte Vena brachiocephalica

8. Plexus brachialis

9. Arteria subclavia

10. Vena subclavia

11. 1. Küste

12. Die obere Hohlvene

13. Rechte Lunge

14. Rippenstück der parietalen Pleura

15. Zwerchfellanteil der parietalen Pleura

16. Innere Jugularvene

17. Linke gemeinsame Karotisarterie

18. Linke Vena brachiocephalica

19. Thymusdrüse

20. Aortenbogen

21. Nervus phrenicus und perikardiacophrenische Arterie und Vene

22. Linker Lungenflügel

23. Küsten

24. Herz

25. Diaphragma

LUNGE

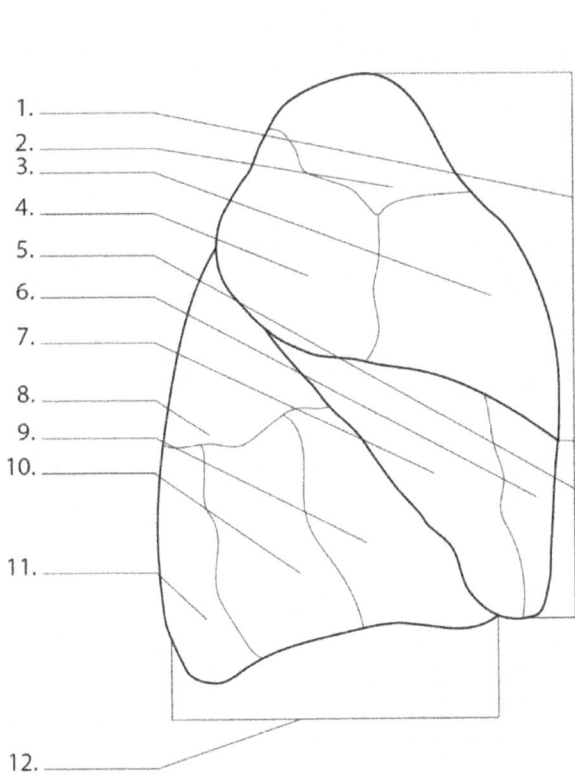

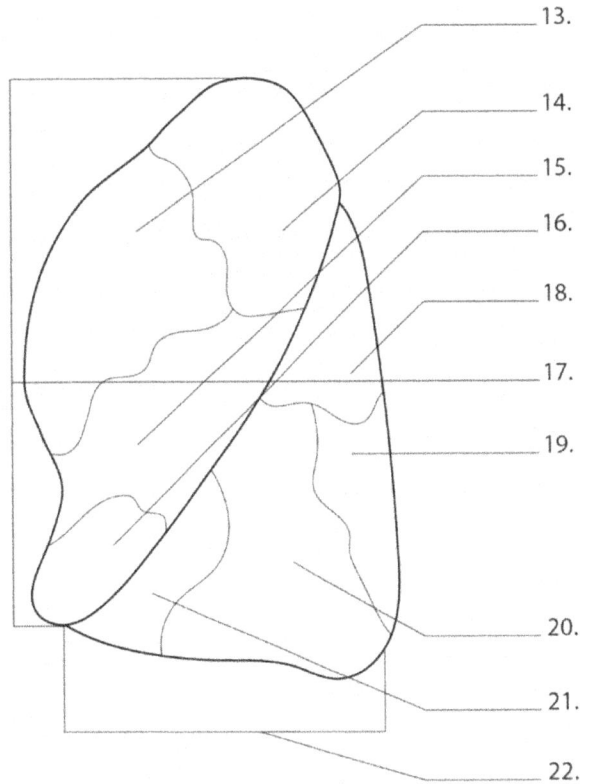

1.
2.
3.
4.
5.
6.
7.
8.
9.
10.

11.

12.

13.
14.
15.
16.
18.
17.

19.

20.

21.

22.

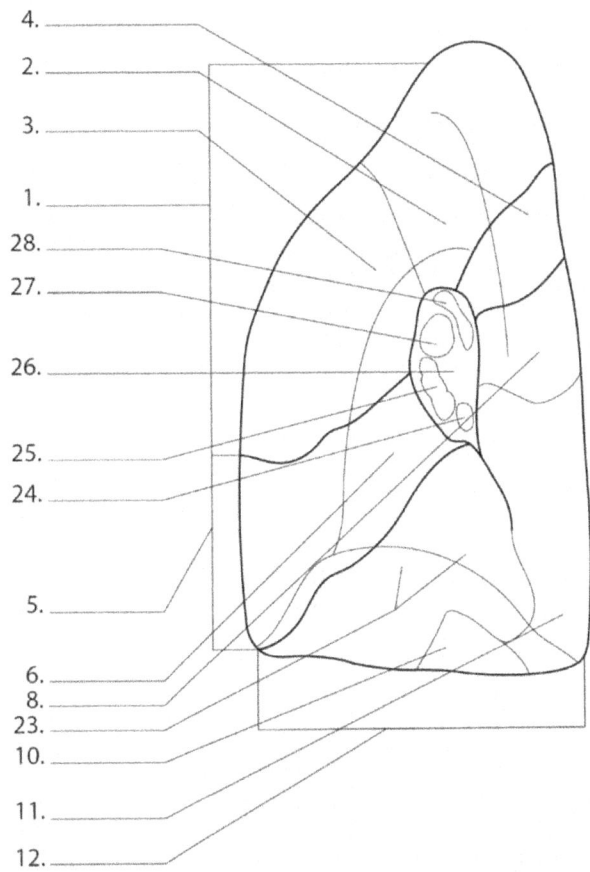

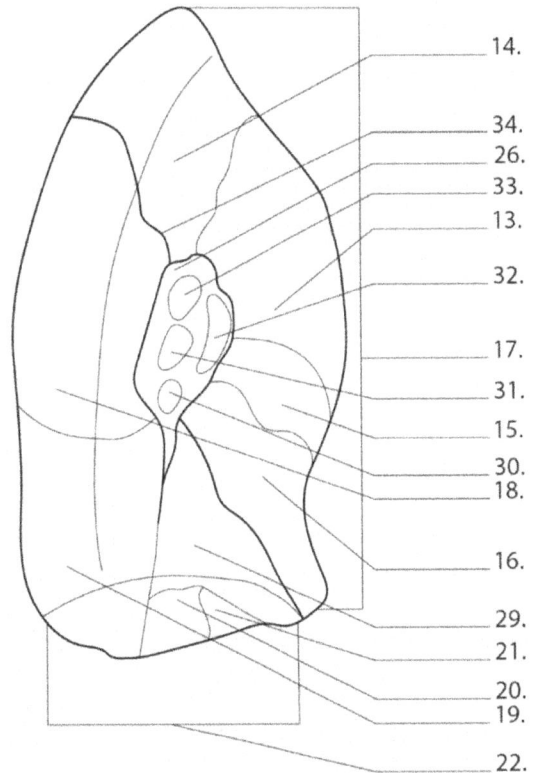

4.
2.
3.

1.
28.
27.

26.

25.
24.

5.

6.
8.
23.
10.

11.

12.

14.

34.
26.
33.
13.

32.

17.

31.

15.

30.
18.

16.

29.
21.

20.
19.

22.

LUNGE

1. Oberer Lappen der rechten Lunge
2. Apikalsegment des Oberlappens der rechten Lunge
3. Vorderes Segment des Oberlappens der rechten Lunge
4. Hinteres Segment des Oberlappens der rechten Lunge
5. Mittlerer Lappen der rechten Lunge
6. Mediales Segment des Mittellappens der rechten Lunge
7. Seitliches Segment des Mittellappens der rechten Lunge
8. Oberes Segment des Unterlappens der rechten Lunge
9. Anteriores Basalsegment des rechten Lungenunterlappens
10. Seitliches Basalsegment des rechten Lungenunterlappens
11. Posteriores Basalsegment des rechten Lungenunterlappens
12. Unterlappen der rechten Lunge
13. Vorderes Segment des Oberlappens der linken Lunge
14. Apikal-posteriores Segment des Oberlappens der linken Lunge
15. Oberes Lingualsegment des Oberlappens der linken Lunge
16. Unteres Lingualsegment des Oberlappens der linken Lunge
17. Linker oberer Lungenlappen
18. Oberes Segment oder unterer Lappen der linken Lunge
19. Posteriores Basalsegment oder Unterlappen der linken Lunge
20. Seitliches Basalsegment oder Unterlappen der linken Lunge
21. Anteriores Basalsegment oder Unterlappen der linken Lunge
22. Unterlappen der linken Lunge
23. Mediales Basalsegment des Unterlappens der rechten Lunge
24. Inferiore rechte Pulmonalvene
25. Rechte obere Pulmonalvene
26. Hilum
27. Rechte Pulmonalarterie
28. Obere rechte Lungenbronchien
29. Anteriores mediales Basalsegment des Unterlappens der linken Lunge
30. Inferiore Pulmonalvene der linken Lunge
31. Rami-Bronchien der linken Lunge
32. Linke obere Pulmonalvene
33. Linke Pulmonalarterie
34. Schräger Riss

HERZ (ZWERCHFELLANSICHT)

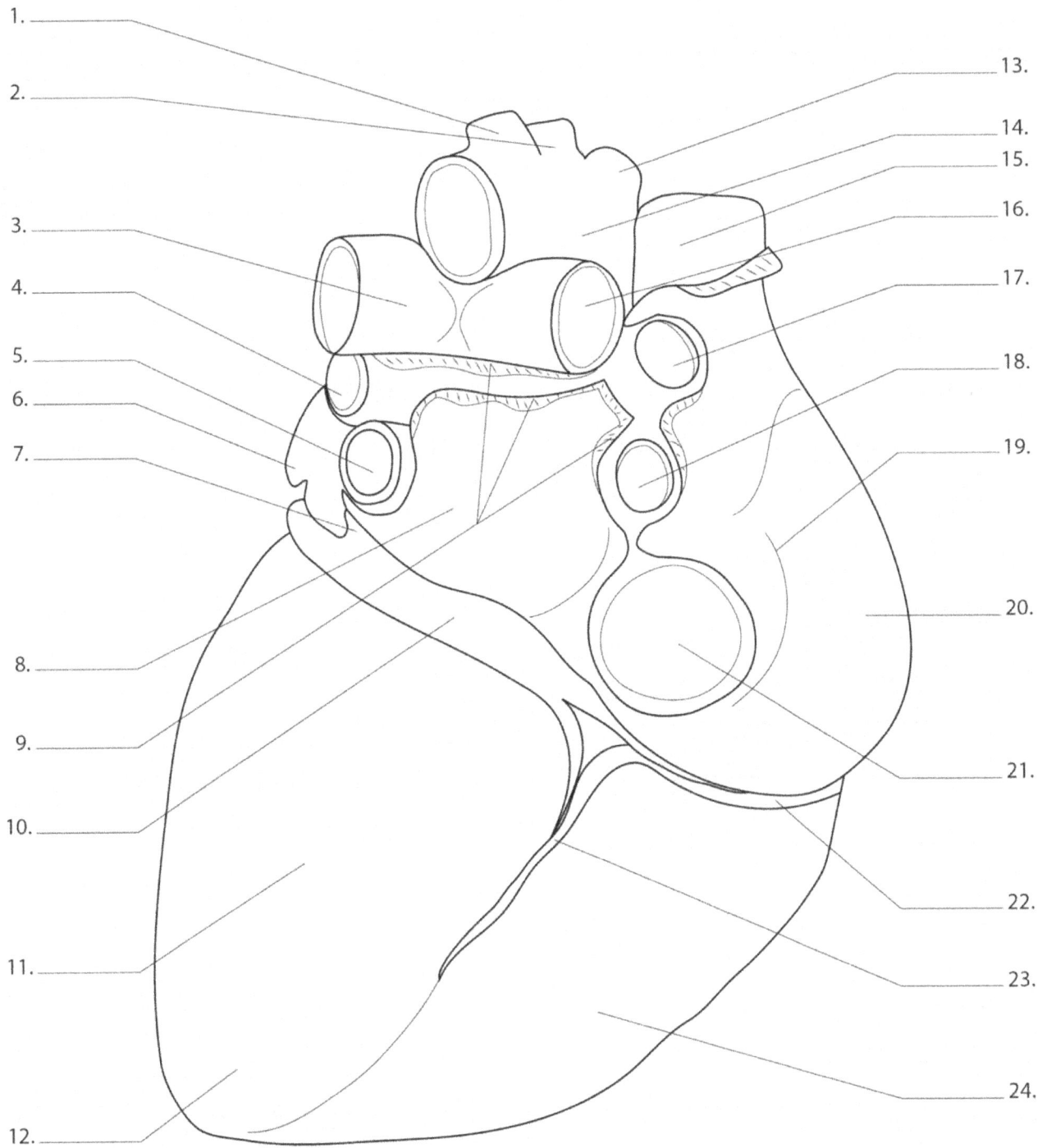

1.

2.

3.

4.

5.

6.

7.

8.

9.

10.

11.

12.

13.

14.

15.

16.

17.

18.

19.

20.

21.

22.

23.

24.

HERZ (ZWERCHFELLANSICHT)

1. Linke Subclavia-Arterie

2. Linke gemeinsame Karotisarterie

3. Linke Pulmonalarterie

4. Linke obere Pulmonalvene

5. Linke untere Pulmonalvene

6. Linkes Ohr

7. Linker Vorhof Schrägvene

8. Linker Vorhof

9. Reflexion auf dem Perikard

10. Koronarsinus

11. Linker Ventrikel

12. Apex

13. Brachiozephaler Rumpf

14. Aortenbogen

15. Die obere Hohlvene

16. Rechte Pulmonalarterie

17. Rechte obere Pulmonalvene

18. Inferiore rechte Pulmonalvene

19. Sulcus terminalis cordis

20. Rechter Vorhof

21. Die Vena cava inferior

22. Koronarsulkus

23. Posteriorer interventrikulärer Sulcus (Ast der Koronararterie und der mittleren Herzvene)

24. Rechter Ventrikel

HERZKNOTENPUNKT

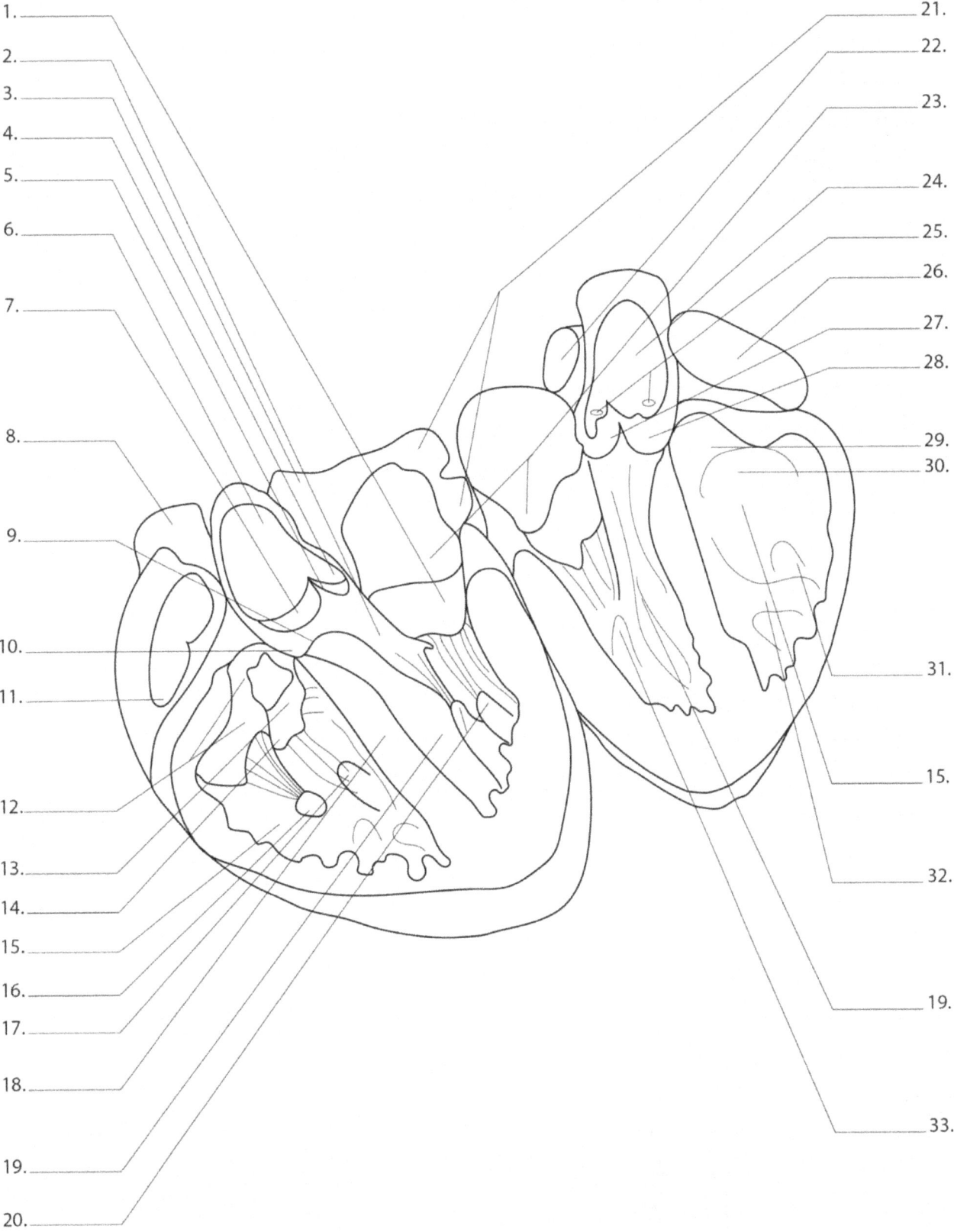

1.

2.

3.

4.

5.

6.

7.

8.

9.

10.

11.

12.

13.

14.

15.

16.

17.

18.

19.

20.

21.

22.

23.

24.

25.

26.

27.

28.

29.

30.

31.

15.

32.

19.

33.

HERZKNOTENPUNKT

1. Der hintere Höcker der Mitralklappe
2. Der vordere Höcker der Mitralklappe
3. Rechte obere Pulmonalvene
4. Aortensinus (Valsalva)
5. Linke Aortenklappe semi-semi-lunar wedge
6. Aufsteigende Aorta
7. Halbmondförmige hintere Aortenklappenabdeckung
8. Die obere Hohlvene
9. Atrioventrikulärer Anteil des membranösen Septums
10. Interventrikulärer Teil des membranösen Septums
11. Rechter Vorhof
12. Der vordere Höcker der Trikuspidalklappe
13. Der septale Höcker der Trikuspidalklappe
14. Der hintere Höcker der Trikuspidalklappe
15. Rechter Ventrikel
16. Rechter vorderer Papillarmuskel
17. Rechter hinterer Papillarmuskel
18. Muskulärer Teil des intraventrikulären Septums
19. Linker Ventrikel
20. Linker hinterer Papillarmuskel
21. Linke Pulmonalvenen
22. Stamm der Lunge
23. Linker Vorhof
24. Aufsteigende Aorta
25. Öffnung der Koronararterien
26. Rechtes Ohr
27. Linke Aortenklappe semi-semi-lunar wedge
28. Semi-Millennium-Keil für die rechte Aortenklappe
29. Supraventrikulärer Kamm
30. Fluss zum Lungenstamm
31. Rechter vorderer Papillarmuskel
32. Moderatorband des Septomarginaltrabekels
33. Linker vorderer Papillarmuskel

VORDERE BAUCHWANDMUSKELN

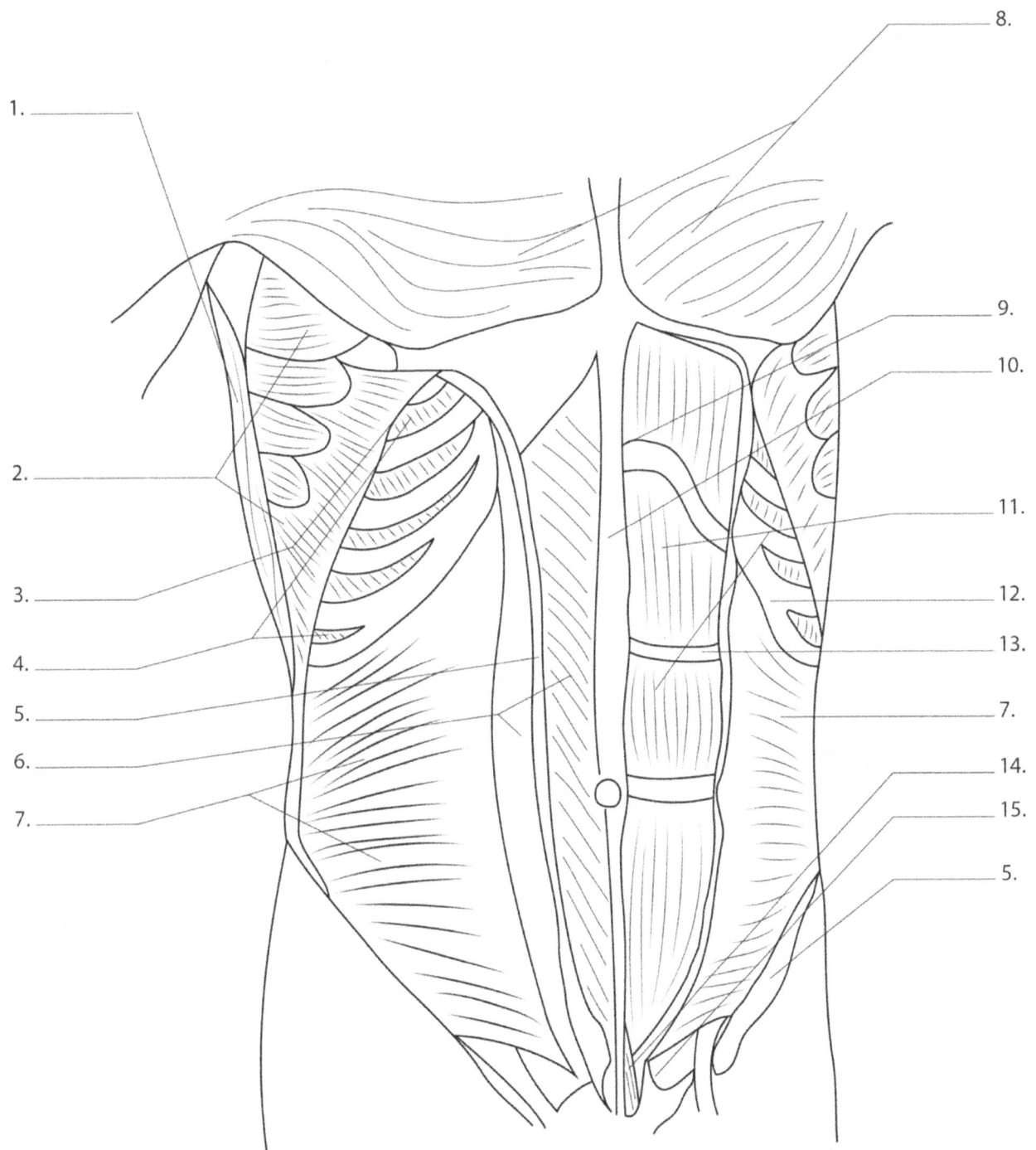

1.

2.

3.

4.

5.

6.

7.

8.

9.

10.

11.

12.

13.

7.

14.

15.

5.

VORDERE BAUCHWANDMUSKELN

1. Latissimus dorsi Muskel

2. Muskel Serratus anterior

3. Schräger äußerer Bauchmuskel

4. Äußerer Interkostalmuskel

5. Aponeurose obliqua externa

6. Rektale Scheide

7. Schräger innerer Bauchmuskel

8. Großer Brustmuskel

9. Anteriore Rektumscheide-Schicht

10. Weiße Linie

11. Rechter abdominaler Muskel

12. Küsten

13. Tendinöse Kreuzung

14. Der pyramidale Muskel

15. Pektinus-Band

16.

RÜCKENMUSKULATUR

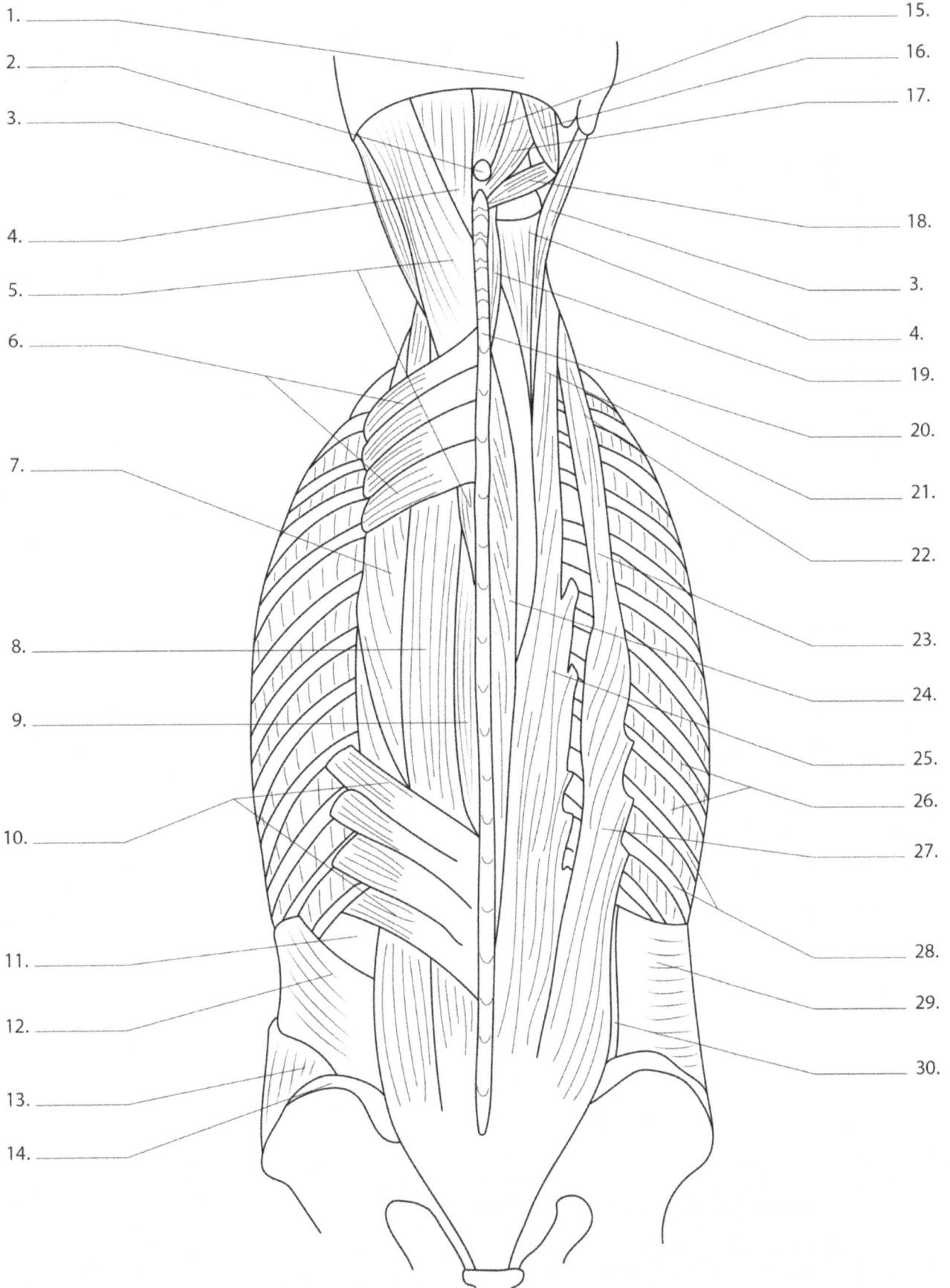

1.

2.

3.

4.

5.

6.

7.

8.

9.

10.

11.

12.

13.

14.

15.

16.

17.

18.

3.

4.

19.

20.

21.

22.

23.

24.

25.

26.

27.

28.

29.

30.

RÜCKENMUSKULATUR

1. Obere Nackenlinie des Schädels
2. Posteriore Tuberkulose des Atlas (C1)
3. Musculus longissimus capitis
4. Musculus semispinalis capitis
5. Splenius capitis und splenius cervicis
6. Oberer hinterer Serratus-Muskel
7. Iliocotalis-Muskel
8. Longissimus-Muskel
9. Musculus spinalis
10. Unterer hinterer Serratus-Muskel
11. Tendenz des Ursprungs des transversalen Bauchmuskels
12. Schräger innerer Muskel
13. Schräger Außenmuskel
14. Iliac-Kamm
15. Musculus rectus capitis posterior minor
16. Musculus obliquus capitis superior
17. Musculus rectus capitis posterior major
18. Schrägmuskel unterer Capitis
19. Musculus spinalis cervicis
20. Rückenmark
21. Longissimus cervicis Muskel
22. Iliocostalis cervicis Muskel
23. Iliocostalis thoracis Muskel
24. Musculus spinalis thiracis
25. Longissimus thoracis Muskel
26. Äußerer Interkostalmuskel
27. Iliocostalis lumborum Muskel
28. Küsten
29. Querliegender Bauchmuskel
30. Thorakolumbale Faszien

UNTERLEIBSORGANE

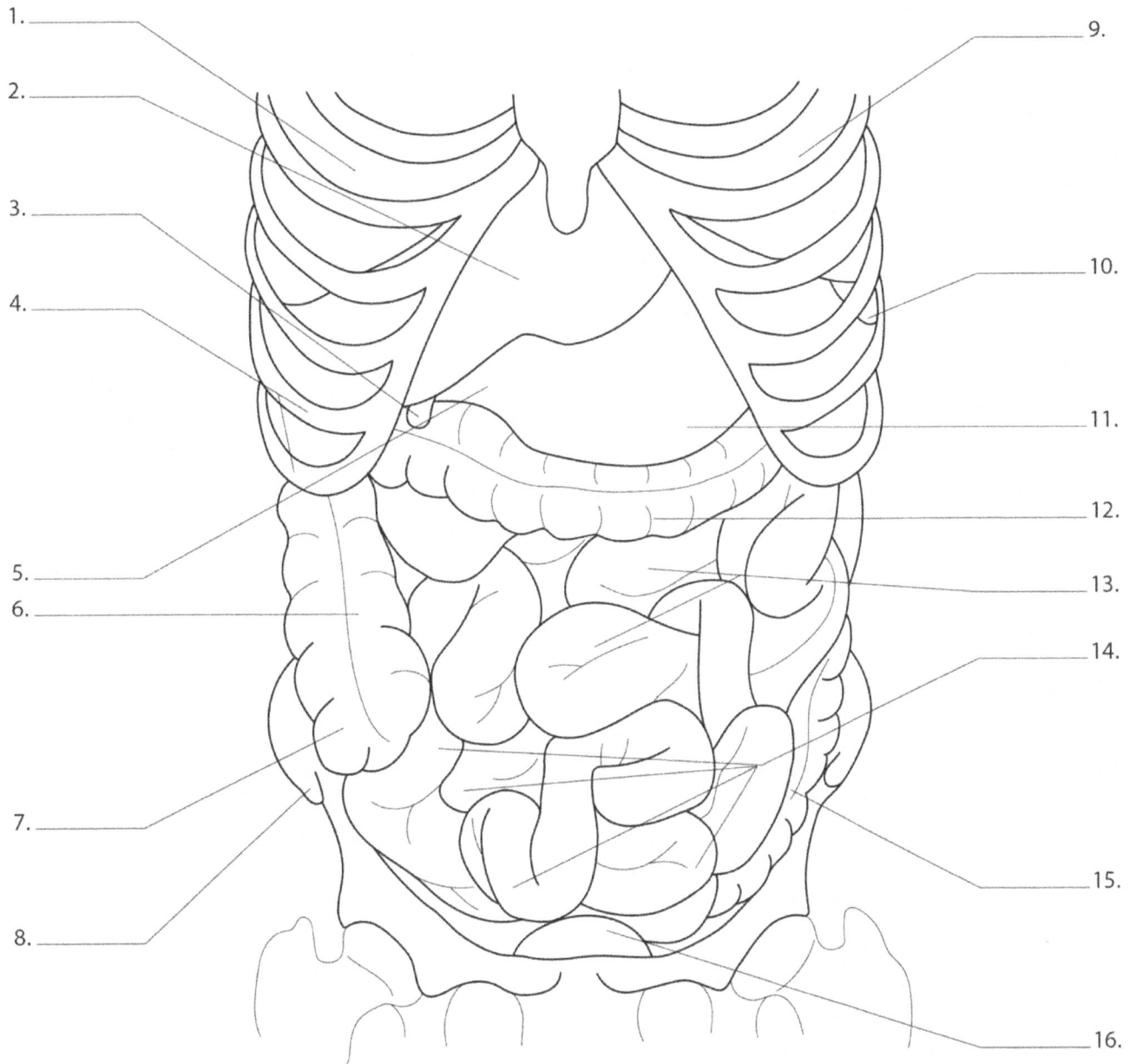

1.

2.

3.

4.

5.

6.

7.

8.

9.

10.

11.

12.

13.

14.

15.

16.

UNTERLEIBSORGANE

1. Rechte Lunge

2. Leber

3. Gallenblasenfundus

4. Küsten

5. Pylorus

6. Aufsteigender Dickdarm

7. Cecum

8. Anterosuperiore Beckenwirbelsäule

9. Linker Lungenflügel

10. Bewerten Sie

11. Magenkörper

12. Querkolon

13. Jejunum

14. Ileum

15. Absteigender Dickdarm

16. Blase

ORGANE DER RETROPERITONEALEN BAUCHHÖHLE

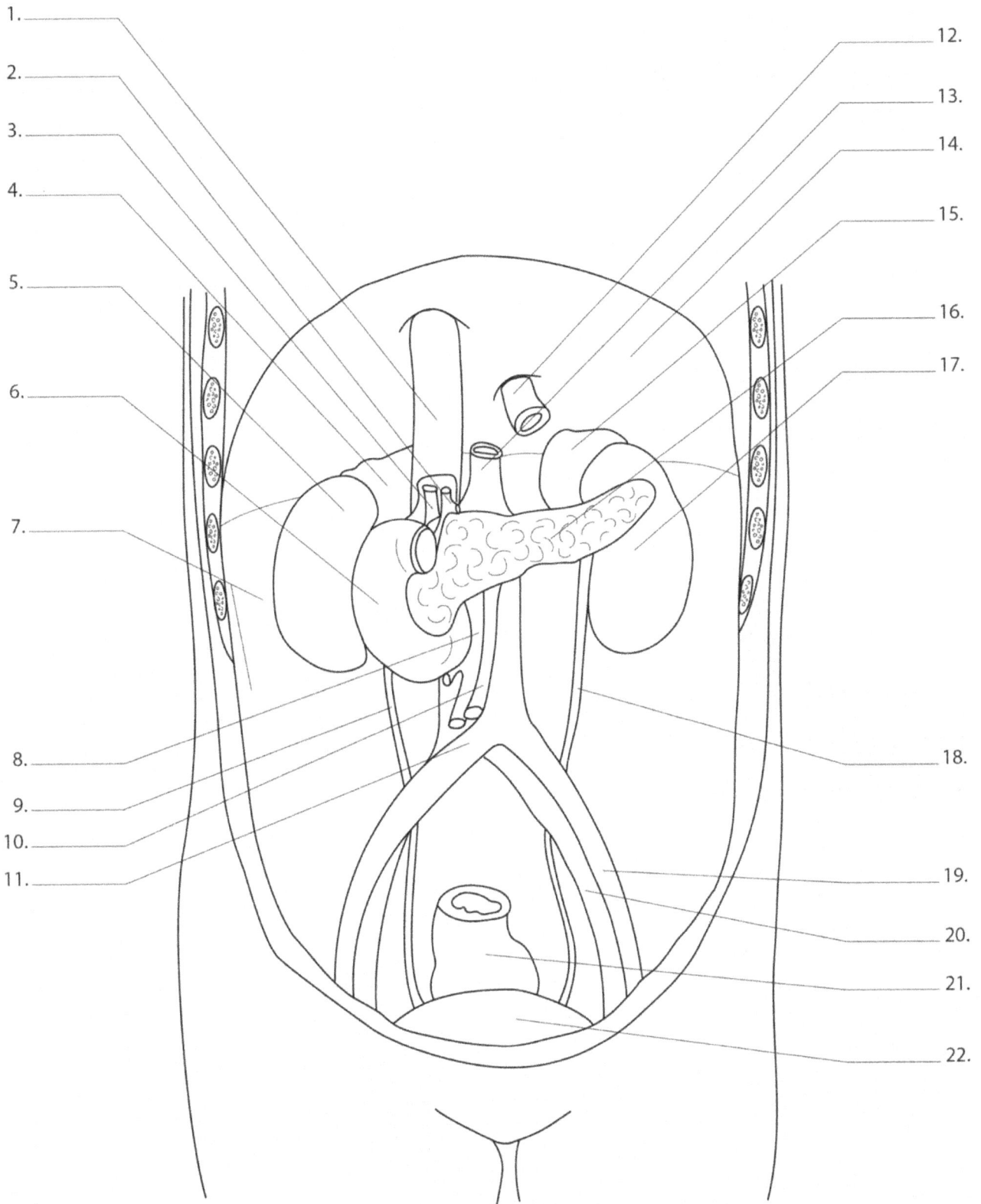

1.

2.

3.

4.

5.

6.

7.

8.

9.

10.

11.

12.

13.

14.

15.

16.

17.

18.

19.

20.

21.

22.

ORGANE DER RETROPERITONEALEN BAUCHHÖHLE

1. Vena cava inferior

2. Hepatische Arterie selbst

3. Hauptgallengang

4. Rechte Nebenniere

5. Rechte Niere

6. Zwölffingerdarm

7. Parietales Peritoneum

8. Obere Mesenterialvene

9. Rechter Harnleiter

10. Obere Mesenterialarterie

11. Arteria iliaca communis

12. Speiseröhre

13. Abdominal-Aorta

14. Diaphragma

15. Linke Nebenniere

16. Bauchspeicheldrüse

17. Linke Niere

18. Linker Ureter

19. Arteria iliaca externa

20. Äußere Darmbeinvene

21. Rektum

22. Blase

NIERE

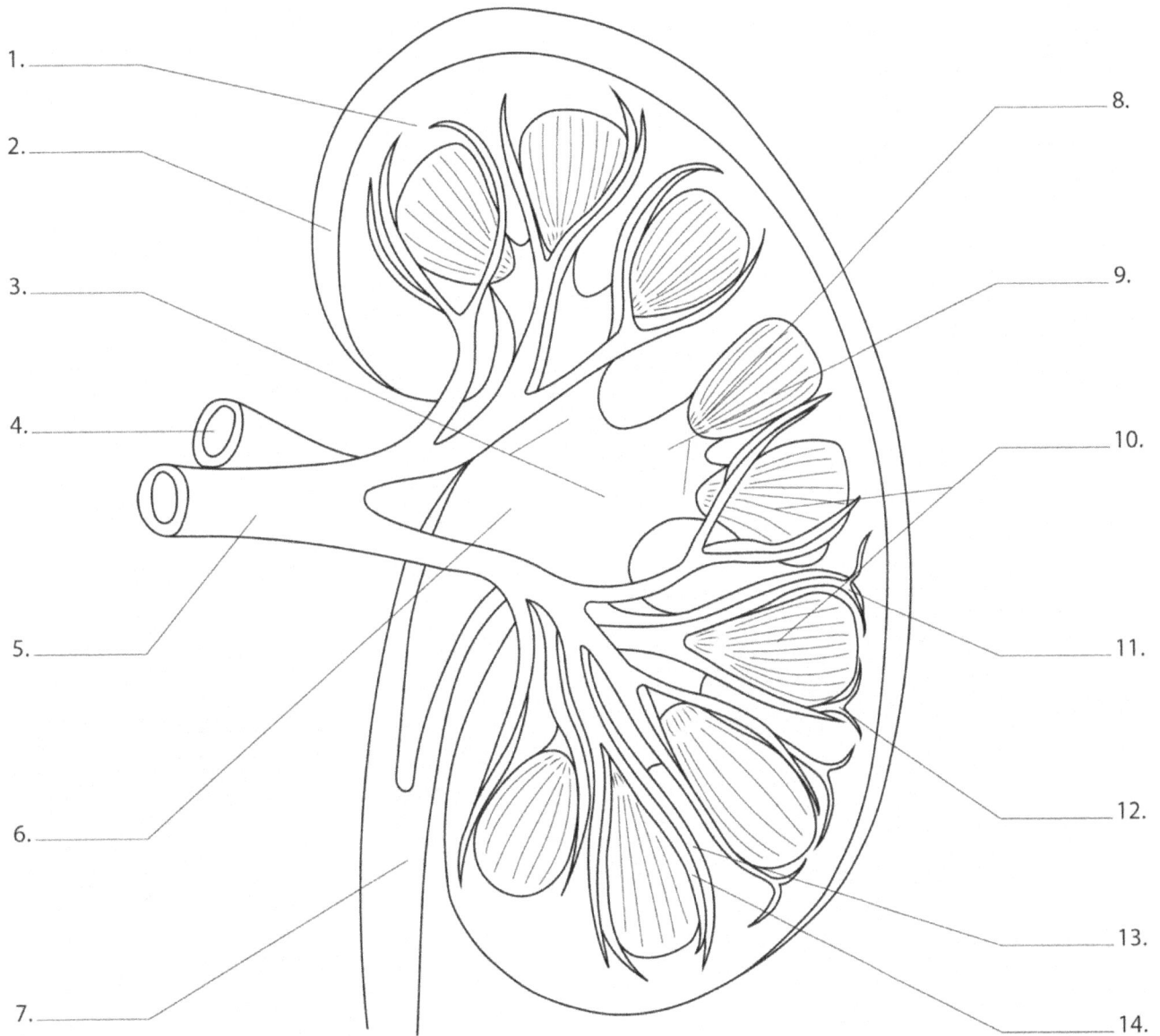

1.

2.

3.

4.

5.

6.

7.

8.

9.

10.

11.

12.

13.

14.

NIERE

1. Kortex
2. Faserige Kapsel
3. Haupt-Kelche
4. Nierenarterie
5. Nierenvene
6. Nierenbecken
7. Ureter
8. Nierenpapille
9. Kleine Kelche
10. Medulla (Nierenpyramiden)
11. Arkadenvene
12. Arkutane Arterie
13. Arteria interlobularis
14. Interlobularvene

BECKENKNOCHEN

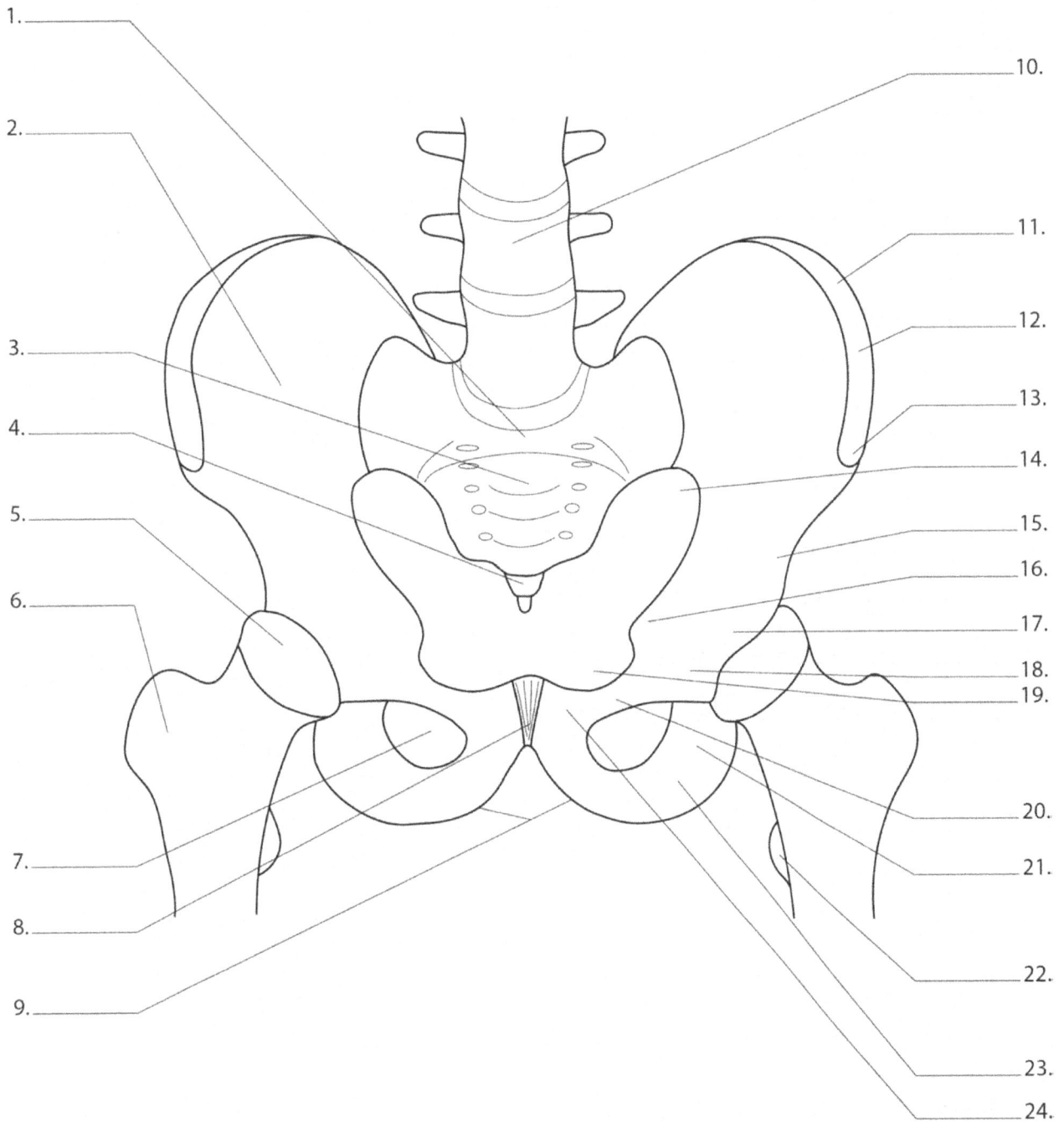

1.
2.
3.
4.
5.
6.
7.
8.
9.
10.
11.
12.
13.
14.
15.
16.
17.
18.
19.
20.
21.
22.
23.
24.

BECKENKNOCHEN

1. Heiliges Vorgebirge

2. Ala des Darmbeins

3. Kreuzbein

4. Steißbein

5. Gelenkknorpel

6. Großer Trochanter des Oberschenkels

7. Foramen obturator

8. Die Schambeinfuge (Symphysis pubica)

9. Schambogen

10. Lendenwirbel

11. Iliac-Kamm

12. Röhrchen des Beckenkamms

13. Anterosuperiore Beckenwirbelsäule

14. Größere Ischiaskerbe

15. Untere vordere Darmbeinwirbelsäule

16. Ichiatic Wirbelsäule Spalte

17. Iliopubische Eminenz

18. Pektinierte Abstammung

19. Untere Ischiaskerbe

20. Obere Publikumsrampe

21. Ichiatische Tuberkulose

22. Der Trochanter minor des Oberschenkels

23. Unterer Schambeinramus

24. Schamlippen-Tuberkulose

WEIBLICHE
BECKENBODENMUSKULATUR

1. _____

2. _____

3. _____

4. _____

5. _____

6. _____

7. _____

8. _____

9. _____

10. _____

11. _____

12. _____

13. _____

14. _____

15. _____

16. _____

17. _____

18. _____

19. _____

20. _____

21. _____

22. _____

WEIBLICHE BECKENBODENMUSKULATUR

1. Ichiocavernosus-Muskel

2. Bulbospongiosus-Muskel

3. Tiefer transversaler Dammmuskel

4. Oberflächlicher transversaler Dammmuskel

5. Zentrale Sehne des Dammes

6. Innerer Obturator-Muskel

7. Anus

8. Muskelkäfer

9. Anococcygeales Ligament

10. Unterer Schambeinramus

11. Klitoris

12. Harnröhre

13. Ichiopubischer Zweig

14. Vagina

15. Perineale Membran

16. Ichiatische Tuberkulose

17. Sacro-Tubus-Band

18. Äußerer Analsphinkter

19. Gesäß Major

20. Pubococcygeus-Muskel

21. Iliococcygeus-Muskel

22. Steißbein

MÄNNLICHE
BECKENBODENMUSKULATUR

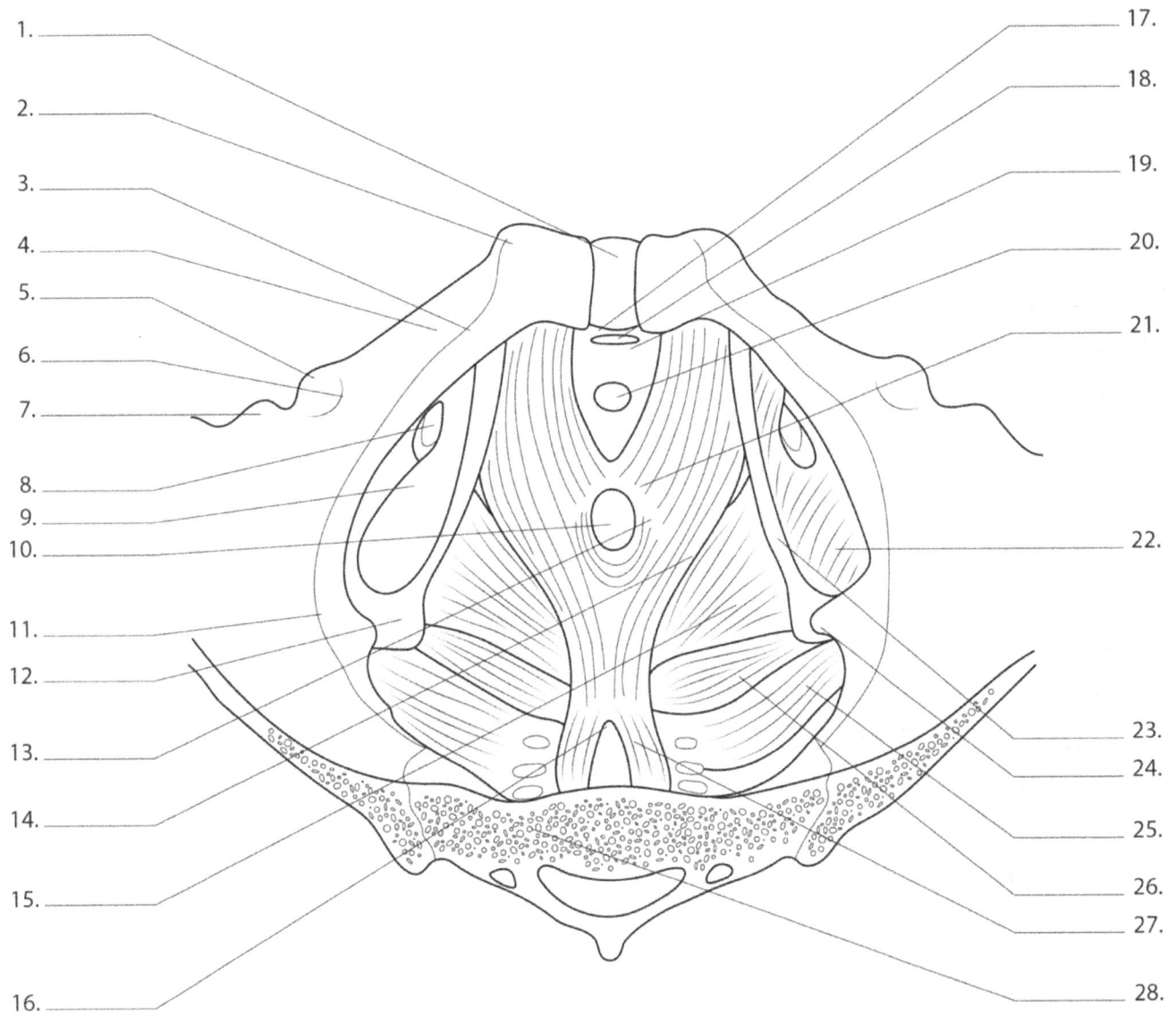

1. _____

2. _____

3. _____

4. _____

5. _____

6. _____

7. _____

8. _____

9. _____

10. _____

11. _____

12. _____

13. _____

14. _____

15. _____

16. _____

17. _____

18. _____

19. _____

20. _____

21. _____

22. _____

23. _____

24. _____

25. _____

26. _____

27. _____

28. _____

MÄNNLICHE BECKENBODENMUSKULATUR

1. Die Schambeinfuge (Symphysis pubica)
2. Schamhaube
3. Schambehaarung
4. Obere Schambeinreling
5. Rand des Acetabulums
6. Iliopubische Eminenz
7. Untere vordere Darmbeinwirbelsäule
8. Jalousiekanal
9. Jalousie
10. Anorektale Unterbrechung
11. Gebogene Linie (iliakaler Teil der iliopectinealen Linie)
12. Ichiatic Wirbelsäule Spalte
13. Puborektaler Muskel
14. Pubococcygealer Muskel
15. Iliococcygealer Muskel
16. Steißbein
17. Unteres Schamlippenband
18. Hiatus für die tiefe Dorsalvene des Penis
19. Transversales Dammlängsband
20. Hiatus für die Harnröhre
21. Levator ani Muskelfasern
22. Innerer Obturator-Muskel
23. Sehnenbogen des M. ani levator
24. Ichiatic Wirbelsäule Spalte
25. Der Piriformis-Muskel
26. Muskeln Steißbein
27. Vorderes Sakrokoccygealband
28. Kreuzbein

ORGANE DES WEIBLICHEN BECKENS

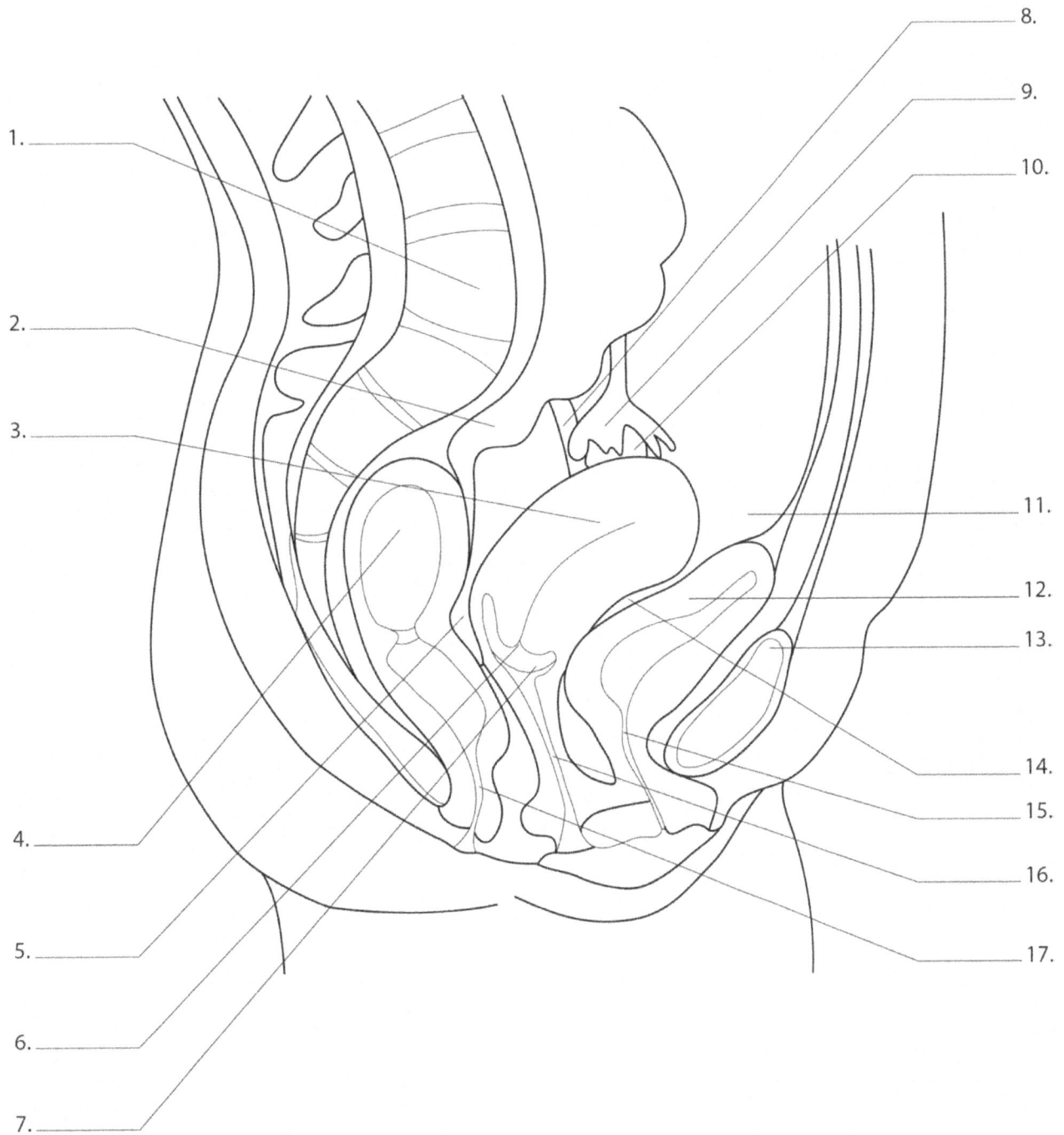

1.

2.

3.

4.

5.

6.

7.

8.

9.

10.

11.

12.

13.

14.

15.

16.

17.

ORGANE DES WEIBLICHEN BECKENS

1. Die Wirbelsäule

2. Sigmoidsäule

3. Gebärmutter

4. Rektum

5. Rekto-Uterus-Beutel

6. Gebärmutterhals

7. Scheidengewölbe

8. Ureter

9. Eileiter

10. Eierstock

11. Bauchfell

12. Blase

13. Schambeinfuge (Symphysis pubica)

14. Vesiko-uterine Tasche

15. Harnröhre

16. Vagina

17. Anus

MÄNNLICHE BECKENORGANE

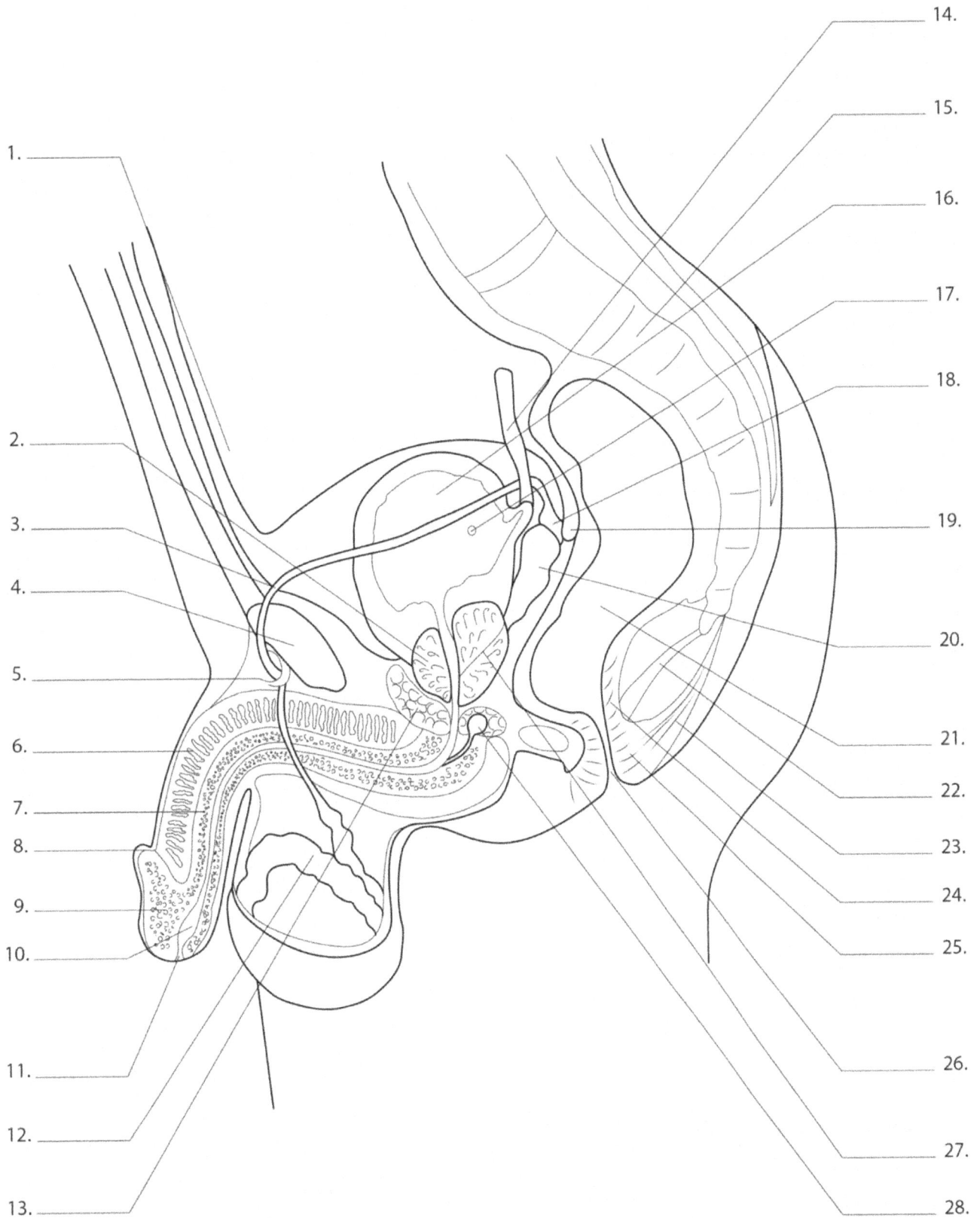

1.

2.

3.

4.

5.

6.

7.

8.

9.

10.

11.

12.

13.

14.

15.

16.

17.

18.

19.

20.

21.

22.

23.

24.

25.

26.

27.

28.

MÄNNLICHE BECKENORGANE

1. Bauchfell
2. Prostata-Drüse
3. Ductus deferens
4. Die Schambeinfuge (Symphysis pubica)
5. Penis-Suspensorium-Ligament
6. Corpus cavernosum
7. Corpus spongiosum
8. Korona der Eichel des Penis
9. Eichel des Penis
10. Fossa Navicularis der Harnröhre
11. Äußere Harnröhrenöffnung
12. Epididymis
13. Harnröhren-Schließmuskel
14. Ureter
15. Kreuzbein
16. Blase
17. Eröffnung des Harnleiters
18. Ampulle des Vas deferens
19. Rechteckiger Beutel
20. Samenblase
21. Rektum
22. Levator ani Muskel
23. Anococcygeales Ligament
24. Interner Analsphinkter
25. Äußerer Analsphinkter
26. Anus
27. Ejakulationskanal
28. Drüse und Bulbourethralkanal

SKELETT (VORDERANSICHT)

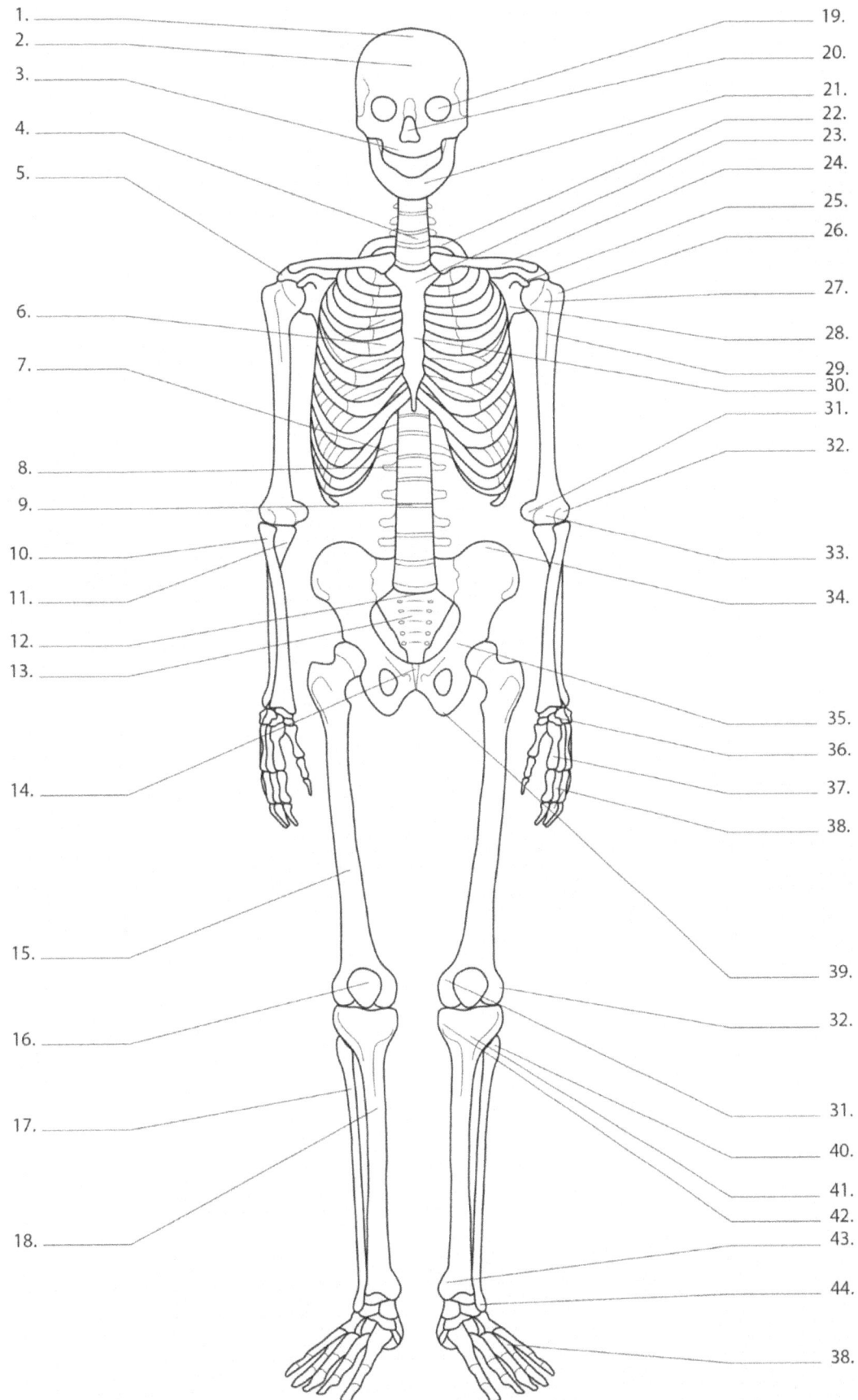

1.
2.
3.
4.
5.
6.
7.
8.
9.
10.
11.
12.
13.
14.
15.
16.
17.
18.

19.
20.
21.
22.
23.
24.
25.
26.
27.
28.
29.
30.
31.
32.
33.
34.
35.
36.
37.
38.
39.
32.
31.
40.
41.
42.
43.
44.
38.

SKELETT (VORDERANSICHT)

1. Schädel
2. Stirnbein
3. Oberkiefer
4. C7-Wirbel
5. Acromion
6. Rippenknorpel
7. 12. Küste
8. L1-Wirbel
9. Zwischenwirbelscheiben
10. Radius
11. Ulna
12. S1-Wirbel
13. Kreuzbein
14. Die Schambeinfuge (Symphysis pubica)
15. Oberschenkelknochen
16. Patella
17. Wadenbein
18. Schienbein
19. Orbitaler Hohlraum
20. Nasenhöhle
21. Unterkiefer
22. 1. Küste
23. Manubrium
24. Clavicula
25. Der Processus Coracoidus
26. Große Tuberkulose
27. Weniger Tuberkulose
28. Schulterblatt
29. Oberarmknochen
30. Sternum
31. Medialer Epikondylus
32. Lateraler Epikondylus
33. Capitulum
34. Ilium
35. Pubis
36. Karpfen
37. Mittelhandknochen
38. Zehenspitzen
39. Iscium
40. Fibulakopf
41. Tuberositas der Tibia
42. Medialer Kondylus der Tibia
43. Medialer Malleolus
44. Seitlicher Maulwurf

SKELETT (RÜCKENANSICHT)

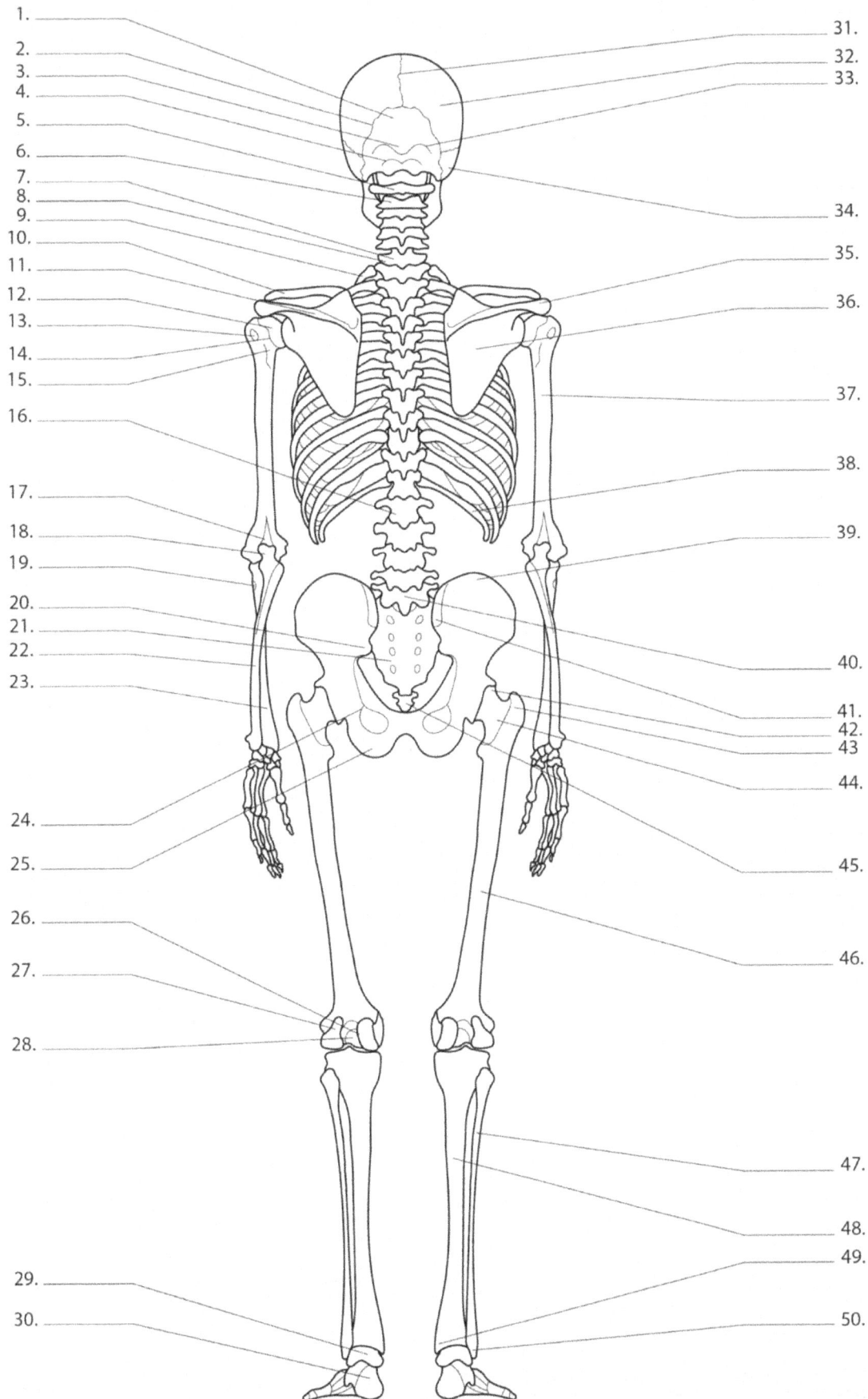

1.
2.
3.
4.
5.
6.
7.
8.
9.
10.
11.
12.
13.
14.
15.
16.
17.
18.
19.
20.
21.
22.
23.
24.
25.
26.
27.
28.
29.
30.

31.
32.
33.
34.
35.
36.
37.
38.
39.
40.
41.
42.
43.
44.
45.
46.
47.
48.
49.
50.

SKELETT (RÜCKENANSICHT)

1. Occipital
2. Lambdanaht
3. Äußerer Hinterhaupthöcker
4. Untere Nackenlinie
5. Atlas (C1)
6. Achse (C2)
7. C7-Wirbel
8. T1-Wirbel
9. 1. Küste
10. Clavicula
11. Rückgrat des Schulterblatts
12. Kopf des Humerus
13. Große Tuberkulose
14. Anatomischer Hals
15. Chirurgischer Hals
16. L1-Wirbel
17. Die Olekranon-Grube
18. Olekranon
19. Radiale Tuberositas
20. Untere hintere Darmbeinwirbelsäule
21. Kreuzbein
22. Ulna
23. Radius
24. Ichiatic Wirbelsäule Spalte
25. Ichiatische Tuberkulose
26. Mediale Oberschenkelkondyle
27. Laterale Oberschenkelkondyle
28. Fossa intercondylaris
29. Talus
30. Calcaneus
31. Sagittalnaht
32. Das Scheitelbein
33. Obere Nackenlinie
34. Schläfenbein
35. Acromion
36. Schulterblatt
37. Oberarmknochen
38. 12. Küste
39. Ilium
40. L5-Wirbel
41. Obere hintere Iliumwirbelsäule
42. Kopf des Oberschenkelknochens
43. Trochanter major
44. Oberschenkelhals
45. Steißbein
46. Oberschenkelknochen
47. Wadenbein
48. Schienbein
49. Medialer Malleolus
50. Seitlicher Knöchelknochen

www.ingramcontent.com/pod-product-compliance
Lightning Source LLC
Chambersburg PA
CBHW051348200326
41521CB00014B/2517